国家林业和草原局普通高等教育"十四五"规划教材

草类植物分子生物学实验技术

刘志鹏 郭振飞 主编

中国林业出版社
China Forestry Publishing House

内 容 简 介

本教材编写紧密围绕草类植物分子生物学发展现状和生产需求，依据学生的学习规律，突出草学研究特色，优选并有序地安排了现代分子生物学的核心实验24个，以加强学生对基本理论的认知、深化学生对相关技术的理解。通过草类植物DNA提取、草类植物遗传转化体系建立，以及草类植物转录组数据分析技术等实验原理的认识和操作实践，使学生掌握相关实验的实验原理和操作步骤，能独立规范地完成实验内容，初步了解分子生物学的基本研究方法和实验技术。此外，每个实验后面均附有拓展阅读，可使学生理论结合实践，增强其提出问题、分析问题和解决问题的能力。

图书在版编目（CIP）数据

草类植物分子生物学实验技术/刘志鹏，郭振飞主编. —北京：中国林业出版社，2022.12
国家林业和草原局普通高等教育"十四五"规划教材
ISBN 978-7-5219-1992-9

Ⅰ. ①草… Ⅱ. ①刘…②郭… Ⅲ. ①牧草-分子生物学-实验-高等学校-教材 Ⅳ. ①S54

中国版本图书馆CIP数据核字（2022）第233453号

策划编辑：高红岩　李树梅
责任编辑：李树梅
责任校对：苏　梅
封面设计：睿思视界视觉设计

出版发行	中国林业出版社
	（100009，北京市西城区刘海胡同7号，电话83223120）
电子邮箱	cfphzbs@163.com
网　址	www.forestry.gov.cn/lycb.html
印　刷	北京中科印刷有限公司
版　次	2022年12月第1版
印　次	2022年12月第1次印刷
开　本	787mm×1092mm　1/16
印　张	8
字　数	200千字
定　价	32.00元

《草类植物分子生物学实验技术》编写人员

主　编　刘志鹏　郭振飞
副主编　张万军　方香玲
编　者　（按姓氏拼音排序）
　　　　　包爱科（兰州大学）
　　　　　董　瑞（贵州大学）
　　　　　方龙发（兰州大学）
　　　　　方香玲（兰州大学）
　　　　　郭振飞（南京农业大学）
　　　　　罗　栋（兰州大学）
　　　　　刘文献（兰州大学）
　　　　　刘志鹏（兰州大学）
　　　　　马利超（青岛农业大学）
　　　　　马　啸（四川农业大学）
　　　　　谢文刚（兰州大学）
　　　　　杨培志（西北农林科技大学）
　　　　　尹康权（北京林业大学）
　　　　　张　攀（东北农业大学）
　　　　　张万军（中国农业大学）
　　　　　张志强（内蒙古农业大学）
　　　　　周　强（兰州大学）
　　　　　朱海凤（南京农业大学）

前　言

分子生物学是研究生物大分子结构、功能及其规律性的科学，是人类从分子水平揭示生物世界奥秘的基础学科。作为生物学科新兴和具有活力的科学，分子生物学在推动我国科学事业的发展、推动生物育种产业的崛起、推动国民经济持续高速发展等方面都有着举足轻重的影响。《草类植物分子生物学实验技术》是草学研究重要的实验课，它的发展不仅使人类对草类植物生命现象本质的认识由表观深入到分子水平，而且使人类从被动接受草类植物的生物性状，转化为真正意义上主动改造重组草类植物，使其为人类服务。本课程的基本理论和研究方法已经渗透到草学研究的各个领域，如牧草育种学、牧草病理学、草坪学、抗逆生理学等课程，因而已成为草学类相关专业重要的实验基础课程。熟悉和掌握草类植物分子生物学实验技术对于培养现代草学专业本科生理解和解决科学问题的能力必不可少。

与模式植物和主要农作物不同，草类植物分子生物学起步晚，但发展迅速。本教材编写紧密结合《现代分子生物学》等课程的课堂讲授内容，依据学生的学习规律，并结合草学学科的研究对象和研究特色，优选并有序地安排了现代分子生物学的核心实验 24 个，以加强学生对基本理论的认知、深化学生对草类植物分子生物学的理解和学习。通过草类植物 DNA 提取、草类植物引物设计与 PCR 扩增、草类植物遗传转化体系建立、草类植物原生质体的制备、草类植物蛋白的亚细胞定位，以及草类植物转录组数据分析技术等实验原理的认识和系统操作的实践，使学生掌握所开实验项目的实验原理和操作步骤，能独立规范地完成实验内容，初步了解分子生物学的基本研究方法和实验技术。与此同时，提高学生的动手能力，增进学生提出问题、分析问题和解决问题的能力，培养学生的科研素养和科学精神。各高校根据实际需要和实验平台配置条件，可以选择开设 6~12 个实验，共计 36 学时，1~2 个学分，以加强学生对基本理论和实验操作的认知、深化学生对该学科的理解和学习。

本书由全国 10 所高校 18 名从事草类分子生物学教学的草学专业骨干教师编写。本书作者大部分为教学科研一线的年轻人员，他们站在本科生初学者的角度，根据草学学科的研究对象，从自己的实验过程中整理出每个实验的具体操作和注意事项。另外，相较模式植物和作物，草类植物通常具有多年生、异花授粉、无突变体库、无基因组等特点，在这些植物上开展分子生物学实验较为困难，需要改进理论和优化技术。因此，与传统分子生物学类实验技术的书籍不同，本书兼顾了植物分子生物学核心原理和技术，并重点突出了草类植物分子生物学的特色。

本书由兰州大学刘志鹏教授和南京农业大学郭振飞教授担任主编，中国农业大学张万军教授和兰州大学方香玲教授担任副主编。编写分工如下：张志强编写实验1和实验2，董瑞编写实验3和实验4，朱海凤、郭振飞编写实验5和实验6，杨培志编写实验7，方香玲编写实验8和实验9，方龙发编写实验10和实验20，周强编写实验11，尹康权编写实验12，刘志鹏编写实验13和实验15，罗栋编写实验14，马利超编写实验16，张万军编写实验17和实验18，包爱科编写实验19，谢文刚编写实验21，马啸编写实验22，刘文献编写实验23，张攀编写实验24，刘志鹏和郭振飞进行统稿。

由于编写时间有限，书中难免存在遗漏和不妥之处，真诚希望广大读者批评指正，以便再版时修改。

编 者

2022年9月

目 录

前言

实验 1　草类植物 DNA 提取 …………………………………………………………… (1)
实验 2　琼脂糖凝胶电泳检测 DNA ……………………………………………………… (4)
实验 3　聚丙烯酰胺凝胶电泳检测 DNA ………………………………………………… (7)
实验 4　草类植物引物设计与 PCR 扩增 ………………………………………………… (10)
实验 5　草类植物总 RNA 提取及反转录 ………………………………………………… (15)
实验 6　草类植物 qPCR 检测 …………………………………………………………… (19)
实验 7　大肠杆菌质粒提取及鉴定 ……………………………………………………… (22)
实验 8　PCR 产物的回收与 DNA 重组 ………………………………………………… (26)
实验 9　大肠杆菌中诱导表达外源蛋白 ………………………………………………… (31)
实验 10　草类植物蛋白检测 ……………………………………………………………… (36)
实验 11　草类植物交错式热不对称 PCR ………………………………………………… (42)
实验 12　草类植物基因编辑载体构建 …………………………………………………… (47)
实验 13　禾草类植物幼穗培养 …………………………………………………………… (53)
实验 14　农杆菌介导的苜蓿叶片遗传转化及转基因植株的鉴定 ……………………… (58)
实验 15　草类植物发根农杆菌介导的遗传转化 ………………………………………… (66)
实验 16　草类植物 GUS 染色 …………………………………………………………… (72)
实验 17　草类植物原生质体的制备 ……………………………………………………… (75)
实验 18　PEG 介导的原生质体转化 ……………………………………………………… (79)
实验 19　草类植物蛋白的亚细胞定位 …………………………………………………… (82)
实验 20　荧光素酶互补实验检测蛋白互作 ……………………………………………… (87)
实验 21　草类植物 SSR 分子标记技术及其杂交种鉴定 ………………………………… (91)
实验 22　草类植物 SSR 分子标记的群体遗传学分析 …………………………………… (97)
实验 23　草类植物基因家族鉴定与分子进化分析 ……………………………………… (105)
实验 24　草类植物转录组数据分析技术 ………………………………………………… (111)

实验 1　草类植物 DNA 提取

一、实验目的
学习和掌握 CTAB 法提取草类植物 DNA 的原理和方法。

二、实验原理
DNA(脱氧核糖核酸)是遗传信息的载体,是最重要的生物大分子,高质量的 DNA 提取是开展草类植物分子生物学实验技术的基础。植物细胞具有细胞壁,在 DNA 提取时通常采用机械研磨的方法破碎植物组织和细胞,加入 DNA 抽提缓冲液进行抽提,同时需加入抗氧化剂或强还原剂(如巯基乙醇)以降低细胞匀浆中的酶类活性。不同草类植物或同一植物不同发育时期的组成成分不同,需要根据具体情况选择适宜的 DNA 提取方法。虽然方法不同,但其基本原理一致,其中 CTAB 法为最常用的方法。

CTAB(hexadecyl trimethyl ammonium bromide,十六烷基三甲基溴化铵)是一种阳离子去污剂,可溶解细胞膜及脂膜,使细胞中的 DNA 和蛋白质释放出来。在高盐溶液中(>0.7 mol/L NaCl),CTAB 可与核酸形成稳定的可溶于高盐溶液的复合物,而细胞壁纤维和大部分变性蛋白质则沉淀,从而从 DNA 中去除。同时,加入 β-巯基乙醇抑制溶液中多酚氧化酶的氧化,再经三氯甲烷(氯仿)-异戊醇抽提除去蛋白质、多糖,最后用乙醇沉淀 DNA 并洗去多余的 CTAB,最后得到 DNA。

三、实验仪器和耗材

1. 实验仪器
低温离心机、移液枪、金属浴(或水浴锅)、电子天平、pH 计、高压灭菌锅、液氮罐、磁力搅拌器、紫外分光光度计或超微量分光光度计(NanoDrop)等。

2. 实验耗材
离心管(0.5 mL、1.5 mL)、枪头、乳胶手套、研钵、剪刀、量筒、烧杯、容量瓶、药勺等。

四、实验材料和试剂

1. 实验材料
草类植物新鲜幼嫩叶片等组织,约 0.5 g。

2. 实验试剂
(1) 1 mol/L Tris-HCl(pH 8.0)　称取 12.1 g 三羟甲基氨基甲烷(Tris)置于 100 mL 烧杯中,加入约 80 mL 超纯水,充分搅拌溶解,加入 4.2 mL 浓盐酸,转入 100 mL 容量瓶加超纯水定容至 100 mL,121℃高压灭菌 15 min,室温保存。

(2) 5 mol/L NaCl　称取 29.2 g NaCl 置于 100 mL 烧杯中，加入约 80 mL 超纯水搅拌溶解，转入 100 mL 容量瓶加超纯水定容至 100 mL，121℃高压灭菌 15 min，4℃保存。

(3) 0.5 mol/L EDTA　称取 18.6 g Na$_2$EDTA 置于 100 mL 烧杯中，加入约 80 mL 超纯水搅拌，加 NaOH 调节 pH 值到 8.0（约 2 g NaOH），至 EDTA 完全溶解，转入 100 mL 容量瓶加超纯水定容至 100 mL，121℃高压灭菌 15 min，4℃保存。

(4) CTAB 抽提缓冲液　取 10 mL 1 mol/L Tris-HCl（pH 8.0）溶液、28 mL 5 mol/L NaCl 溶液、4 mL 0.5 mol/L EDTA、2 g CTAB，加超纯水于 100 mL 容量瓶中定容，121℃高压灭菌 15 min，室温保存。

(5) TE 缓冲液（pH 8.0）　于 80 mL 超纯水中，加入 1 mL 1 mol/L Tris-HCl 溶液，0.2 mL 0.5 mol/L EDTA 溶液，pH 值调至 8.0，加超纯水定容至 100 mL，121℃高压灭菌 15 min，室温保存。

(6) 氯仿/异戊醇（24∶1）　将氯仿和异戊醇按体积 24∶1 的比例混合，置棕色瓶中，4℃保存。

(7) 1% β-巯基乙醇、0.3 mg/mL 蛋白酶 K、1% 聚乙烯吡咯烷酮（PVP）、异丙醇、70% 乙醇等。

五、实验步骤与方法

(1) 在配好的 CTAB 抽提缓冲液中加入 0.3 mg/mL 蛋白酶 K、1% β-巯基乙醇及 1% PVP，65℃水浴 30 min 备用。异丙醇进行冰浴或 4℃低温预冷，备用。

(2) 取 1~2 g 新鲜草类植物叶片材料，于液氮中迅速研磨成粉。将 0.2 g 左右冻粉转入预冷的 0.5 mL 离心管中，立即加入等体积 CTAB 提取缓冲液，65℃水浴保温 20~30 min，期间温和颠倒 2~3 次，使细胞充分破碎。

(3) 加入等体积的氯仿/异戊醇（24∶1），温和颠倒混匀，防止结块成团，10 000 r/min 室温离心 5 min，取上清液。

(4) 将上清液轻轻转入新的 1.5 mL 离心管中，重复步骤（3）一次。

(5) 将上清液转入新的 1.5 mL 离心管中，加入等体积的异丙醇（预冷），颠倒混匀（可见絮状沉淀），室温下放置 20 min。

(6) 8000 r/min 离心 1 min，去上清液，70% 乙醇漂洗，离心管倒置干燥。

(7) 风干后加入 30 μL TE 缓冲液溶解 DNA。

(8) 取 2 μL 溶液电泳检测（参照实验 2），其余 -20℃保存备用。

六、实验结果与分析

提取的 DNA 需纯度和浓度的检测，一般用紫外分光光度计或超微量分光光度计（NanoDrop）进行：吸取待测样品并进行稀释，测定其在 260 nm、280 nm、230 nm 的光密度（OD）值。

计算浓度：DNA 浓度（ng/μL）= A_{260} × 50 ng/μL × 稀释倍数

对于双链 DNA，1 OD$_{260}$ = 50 ng/μL。

若 OD$_{260}$/OD$_{280}$ = 1.8，OD$_{260}$/OD$_{230}$ > 2.0 时，表明 DNA 纯度较高；

若 $OD_{260}/OD_{280}>1.9$ 时，说明有 RNA 污染；

若 $OD_{260}/OD_{280}<1.6$ 时，表明有蛋白质或酚类污染；

若 $OD_{260}/OD_{230}<1.2$ 时，表明溶液中有盐和小分子杂质。

七、注意事项

(1) 所有操作均需温和，避免剧烈震荡，防止热变性等。

(2) 材料尽量新鲜幼嫩，研磨迅速充分，粉末要同 CTAB 抽提液充分混匀。

(3) 离心 CTAB 与 DNA 形成的复合物时，避免离心过度，影响沉淀再溶解。

(4) 实验结束后实验垃圾放在指定回收桶中。

【参考文献】

伏兵哲，2021. 牧草与草坪草育种学实验实习指导[M]. 北京：中国农业出版社.

郭仰东，2015. 植物生物技术实验教程[M]. 北京：中国农业大学出版社.

李荣华，夏岩石，刘顺枝，等，2009. 改进的 CTAB 提取植物 DNA 方法[J]. 实验室研究与探索，28(9)：14-16.

田广厚，2007. 扁豆 DNA 提取方法研究[D]. 咸阳：西北农林科技大学.

【拓展阅读】

DNA 双螺旋结构背后的故事

20 世纪人类最伟大的成果，莫过于遗传学中 DNA 双螺旋结构的发现。女生物学家富兰克林认定 DNA 是双螺旋结构，并且运用 X 射线衍射技术拍摄到了清晰漂亮的 DNA 晶体的衍射图谱。她和威尔金斯提出"DNA 分子中的磷酸根在外侧，碱基在内侧"，计算出了 DNA 分子内部结构的轴向与距离和螺旋的直径与长度。威尔金斯在富兰克林不知情的情况下给沃森与克里克看了 DNA 晶体的衍射图谱，根据照片，他们很快就领悟到了 DNA 的结构，并在 1953 年出版的英国《自然》杂志上报告了这一发现。1962 年，沃森、克里克和威尔金斯因为 DNA 双螺旋结构的发现而获得诺贝尔生理学医学奖。然而，在此过程中，成功地拍摄了 DNA 晶体的 X 射线衍射照片的女科学家富兰克林却被忽略了。按照惯例，诺贝尔奖不授予已经去世的人。此外，同一奖项至多只能由 3 个人分享，假如富兰克林活着，她会得奖吗？性别差异是否会成为公平竞争的障碍？历史从未忘记女科学家：英国为了纪念她对发现 DNA 结构的贡献而设立了"富兰克林奖章"，希望该奖项能够起到提升女性在科研领域形象的作用。

实验 2 琼脂糖凝胶电泳检测 DNA

一、实验目的

掌握琼脂糖凝胶电泳检测 DNA 的原理和方法。

二、实验原理

DNA 分子在碱性缓冲液中带负电荷,在外加电场作用下向正极泳动。在碱性环境下,DNA 分子带负电,不同的核酸分子由于具有相同的磷酸戊糖结构,几乎具有相同的电荷密度,电泳时 DNA 分子在凝胶中的迁移率与其所含碱基对数目的对数值成反比,因此可以近似用于估算分子的大小。

琼脂糖介质结构均一、含水量大,可通过调整琼脂糖的浓度改变孔径的大小,起到分子筛的作用。DNA 分子在琼脂糖凝胶中泳动时,有电荷效应与分子筛效应。不同 DNA 的分子质量大小及构型不同,电泳时的泳动率就不同,从而分出不同的区带。当 DNA 样品在琼脂糖凝胶中电泳时,琼脂糖凝胶中的核酸染料就插入 DNA 分子碱基对中形成荧光络合物,可直接紫外灯照射下检测琼脂糖中的 DNA。

三、实验仪器和耗材

1. 实验仪器

电泳仪、电泳槽、凝胶成像仪或紫外检测仪、移液枪、微波炉、电子天平等。

2. 实验耗材

枪头、乳胶手套、三角瓶、量筒等。

四、实验材料和试剂

1. 实验材料

DNA 样品或 PCR 产物。

2. 实验试剂

(1) 电泳缓冲液 TAE 或 TBE。本实验以 TBE 为例。

①50× TAE(Tris-乙酸):称取 242 g Tris,37.2 g Na_2EDTA 于 1 L 烧杯中,加 700 mL 超纯水充分搅拌溶解,再加 57.1 mL 乙酸,调节 pH 值至 8.5 并加超纯水定容至 1 L,室温保存备用。

②5× TBE(Tris-硼酸):称取 54 g Tris,4.65 g Na_2EDTA 于 1 L 烧杯中,加 700 mL 超纯水充分搅拌溶解,再加 27.5 g 硼酸,加超纯水定容至 1 L,室温保存备用。使用时,稀释 10 倍,即 0.5× TBE 缓冲液。

(2) 琼脂糖、DL2000 DNA Marker、6× 上样缓冲液(loading buffer)、核酸染料(EB 或

GoldView™、溴酚蓝染料)等。

五、实验步骤与方法

1. 准备凝胶

用 0.5× TBE 缓冲液配制 1%琼脂糖凝胶。

称取 1 g 琼脂糖粉末于三角瓶中，加入 100 mL 0.5× TBE 缓冲液，微波炉加热约 1 min 溶解，冷却至 60~70℃时，加入 5~10 μL 核酸染料(终浓度约 0.5 μg/mL)，摇晃混匀。

2. 制胶

准备干净的胶床和梳子，将梳子垂直插入到胶床的卡槽中，保证胶床水平。将制好的胶液缓慢倒入胶床，凝胶厚度 3~5 mm。静置 30 min 以上，待凝胶凝固后，将带有凝胶的胶床置于电泳槽中(胶孔位于电场负极)。垂直取出梳子，去除胶孔中的气泡。然后向电泳槽中加入 0.5× TBE 缓冲液，超过胶面 1~2 mL 即可。

3. 加样

取 DNA 样品 10 μL 置于乳胶手套上，加入约 2 μL 6× 上样缓冲液，用移液器轻轻混匀后，轻轻加入凝胶样品中(上样量 5~10 μL)。其中，一个胶孔中加 DL2000 DNA Marker 作为对照。

4. 电泳

盖上电泳槽，接通电源，电压 100 V，25 min。当溴酚蓝染料移动到距凝胶正极边缘 1~2 cm 时，停止电泳。

5. 电泳结果分析

戴上乳胶手套，取出凝胶，放入凝胶成像仪或紫外检测仪进行观察分析。

六、实验结果与分析

通过凝胶成像仪或紫外检测仪分析，以 DL2000 DNA Marker 条带位置为参考，可以确定出现的样品条带是否为目的 DNA 条带。如图 2-1 所示，目的基因 *LAZY1* 片段长度为 1161 bp，*WOX11* 片段长度为 798 bp，条带位置与预期一致。

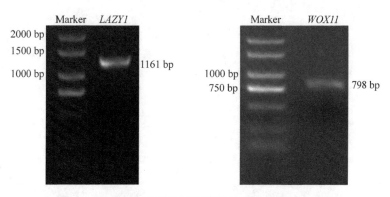

图 2-1 紫花苜蓿 *LAZY1* 和 *WOX11* 琼脂糖凝胶电泳图

七、注意事项

(1)倒胶时把握好胶的温度不要高于70℃,温度太高会使胶盘变形。
(2)胶一定要凝固好才能拔梳子,方向一定要垂直向上,避免弄坏点样孔。
(3)点样时枪头下伸,不能点到胶孔外或戳破胶孔,点样孔内不能有气泡。
(4)EB等核酸染料有毒,切勿用手直接接触。
(5)紫外线照射不宜太久,以免损伤DNA片段。
(6)不要污染环境,胶勿乱扔,实验结束后实验垃圾放在指定回收桶中。

【参考文献】

伏兵哲,2021. 牧草与草坪草育种学实验实习指导[M]. 北京:中国农业出版社.
郭仰东,2015. 植物生物技术实验教程[M]. 北京:中国农业大学出版社.
单张凡,2020. 琼脂糖凝胶电泳法测定小麦中长穗偃麦草的基因[J]. 安徽农学通报,26(21):14-15, 39.

【拓展阅读】

电泳发展简史

1809年,俄国物理学家Pence首次发现电泳现象。他在湿黏土中插上带玻璃管的正负两个电极,加电压后发现正极玻璃管中原有的水层变浑浊,即带负电荷的黏土颗粒向正极移动,这就是电泳现象。1909年,Michaelis首次将胶体离子在电场中的移动称为电泳。1937年,Tiselius创造了Tiselius电泳仪,建立了研究蛋白质的移动界面电泳方法。1948年,Wieland和Fischer重新发展了以滤纸作为支持介质的电泳方法,对氨基酸的分离进行研究。1959年,Raymond和Weintraub利用人工合成的凝胶作为支持介质,创建的聚丙烯酰胺凝胶电泳开创了近代电泳的新时代,被人们称为是对生物大分子进行分析鉴定的最好、最准确的手段。21世纪80年代,新的毛细管电泳技术发展起来,是化学和生化分析鉴定技术的重要新发展,已受到人们的充分重视。

实验 3 聚丙烯酰胺凝胶电泳检测 DNA

一、实验目的

学习和掌握聚丙烯酰胺凝胶电泳检测 DNA 的理论和基本实验操作技术。

二、实验原理

聚丙烯酰胺凝胶电泳(polyacrylamide gel electrophoresis,PAGE)是以聚丙烯酰胺凝胶作为支持介质的一种常用电泳技术,用于分离 DNA。聚丙烯酰胺凝胶是由丙烯酰胺(Acr)单体和交联剂甲叉双丙烯酰胺(Bis)在催化作用下聚合交联形成的具有三维网状立体结构的凝胶。在电场的作用下,带电粒子可以在聚丙烯酰胺凝胶中有规律地迁移,迁移的速度与带电粒子的大小、构型以及所携带的电荷相关。聚丙烯酰胺凝胶电泳多用于分离 5~500 bp 的 DNA 片段,且回收纯度高,长度相差仅 1 bp 的 DNA 分子也能被清晰地分开。

三、实验仪器和耗材

1. 实验仪器

凝胶成像系统、微波炉、振荡摇床、电子天平、电泳槽、电泳仪、移液枪等。

2. 实验耗材

离心管(1.5 mL)、枪头、口罩、乳胶手套等。

四、实验材料和试剂

1. 实验材料

实验室准备好的不同植物的叶片 DNA。

2. 实验试剂

(1)30% Acr-Bis 称取 29 g Acr,0.8 g Bis,加超纯水定容至 100 mL,普通滤纸过滤,置于棕色瓶中 4℃避光存储,可保存 2 个月。

(2)10%过硫酸铵(APS) 0.1 g 过硫酸铵溶于 1 mL 超纯水,置于-20℃存储,可保存 1 个月。

(3)5× TBE 54 g Tris、27.5 g 硼酸、20 mL 0.5 mol/L EDTA,超纯水溶解混匀定容至 1 L,pH 8.0。

(4)N,N,N',N'-四甲基乙二胺(TEMED)。

(5)核酸染料 染色剂购买 GelStain 核酸染料,按照说明书用 0.1 mol/L NaCl 将 GelStain 10 000×原液稀释 3300 倍,制备成 3×染色液,4℃避光存储备用。

(6)6× 上样缓冲液(4℃避光存储备用)、DL500 DNA Marker。

(7)聚丙烯酰胺凝胶制备 根据实验所需选择合适的浓度与体积,具体参考表 3-1。

表 3-1　制备不同浓度聚丙烯酰胺凝胶所用试剂配方

试剂	制备不同浓度凝胶所用试剂的体积				
	3.5%	5.0%	8.0%	12.0%	20.0%
30% Acr-Bis/mL	11.6	16.6	26.6	40.0	66.6
超纯水/mL	67.7	62.7	52.7	39.3	12.7
5× TBE/mL	20.0	20.0	20.0	20.0	20.0
10% APS/mL	0.7	0.7	0.7	0.7	0.7
TEMED/μL	35	35	35	35	35
分离范围/bp	100~2000	80~500	60~400	40~200	10~100

五、实验方法与步骤

将准备好的 DNA 在 8.0% 聚丙烯酰胺凝胶中进行检测，具体操作方法如下：

(1) 按照说明书将玻璃板、梳子、胶条和夹子等正确安装。

(2) 配制 200 mL 8% 聚丙烯酰胺凝胶，按照表 3-1 配方，依次加入 53.2 mL 30% Acr-Bis、40 mL 5× TBE、105.4 mL 超纯水、1.4 mL 10% APS 和 135 μL TEMED，混合均匀。

(3) 将上述液体在凹形玻璃板处（即梳子插入处）缓慢倒入，注意避免双层玻璃板间产生气泡，如有气泡，应停止灌胶并将玻璃板倾斜放置，待气泡排空后再继续灌胶，灌胶完毕后，将玻璃板平放，静置 40 min。

(4) 电泳在每个 DNA 样品中加入 2 μL 6× 上样缓冲液，混合均匀，每个样品吸取 4~5 μL 点样。以等体积的 DL500 DNA Marker 作为分子质量的参照物。电泳仪电压 200 V，电泳时间 40 min。

(5) 染色仔细取出凝胶，置于聚丙烯容器中。缓慢加入 3× 染色液直至浸没凝胶，室温振荡染色 3 min 左右，凝胶成像系统拍照分析。

六、实验结果与分析

根据照片中 DL500 DNA Marker 的分布位置（图 3-1），对相应样品 DNA 条带的大小进行统计和分析，判断目的 DNA 的大小和样品间的差异。

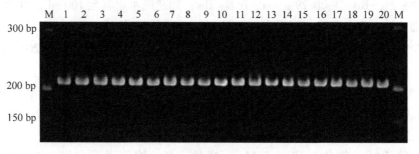

图 3-1　DNA 电泳结果

M. Marker；1~20. 样本 DNA 片段

七、注意事项

（1）制备凝胶应选用高纯度试剂，否则影响凝胶凝固和电泳效果。Acr 和 Bis 均为神经毒剂，对皮肤有刺激作用，操作时应戴手套和口罩，纯化应在通风橱中进行。

（2）勿用手接触灌胶面的玻璃，以防凝胶板和玻璃板剥离，产生气泡和滑胶，或者剥胶时凝胶板易断裂。故所用器材均应严格清洗。

（3）用琼脂糖封底及灌胶时不能有气泡，以免影响电泳时电流的通过。

（4）为防止电泳后区带拖尾，样品中盐离子强度应尽量降低。含盐量高的样品可用透析法或凝胶过滤法脱盐。

（5）凝胶完全凝固后，必须放置 30 min 左右，使其充分"老化"后，才能轻轻取出样品梳，切勿破坏加样孔底部的平整，以免电泳后区带扭曲。

【参考文献】

王晓通，连林生，赵春江，等，2010. 非变性聚丙烯酰胺凝胶电泳中与杂合子相伴产生的非目的条带的鉴定[J]. 农业生物技术学报，18(3)：616-622.

梁宝萍，原玉香，朴凤植，等，2012. 大白菜非变性聚丙烯酰胺凝胶电泳技术的优化[J]. 河南农业科学，41(5)：129-132，136.

GREEN M R, SAMBROOK J, 2020. Polyacrylamide gel electrophoresis[J]. Cold Spring Harb Protocols (12): pdb.prot100412.

HARWOOD A J, 1996. Native polyacrylamide gel electrophoresis[J]. Methods in Molecular Biology, 58: 93-96.

NA AYUTTHAYA P P, LUNDBERG D, WEIGEL D, et al, 2020. Blue native polyacrylamide gel electrophoresis (BN-PAGE) for the analysis of protein oligomers in plants[J]. Current Opinion in Plant Biology, 5(2): e20107.

【拓展阅读】

基因工程

基因工程又称基因拼接技术和 DNA 重组技术，是在分子水平上对基因进行操作的复杂技术，通过人为的方法将所需要的某一供体生物的 DNA 大分子提取出来，在离体条件下用适当的工具酶进行切割，接着与作为载体的 DNA 分子连接起来，然后与载体一起导入某一更易生长、繁殖的受体细胞中，让外源物质在其中"安家落户"，进行正常的复制和表达，使之按照人们的意愿稳定遗传并表达出新产物或新性状的 DNA 体外操作。它克服了远缘杂交的不亲和障碍。

实验 4　草类植物引物设计与 PCR 扩增

一、实验目的

学习和掌握草类植物引物设计的方法和 PCR 扩增实验操作技术。

二、实验原理

聚合酶链式反应(polymerase chain reaction，PCR)是一种在体外快速扩增特定 DNA 片段的分子生物学技术。它根据已知 DNA 序列两端设计合成的一对引物进行特异性扩增。其原理类似于 DNA 在动、植物体内的复制过程。在含有 DNA 模板、引物、DNA 聚合酶和 dNTP 的缓冲液中，根据碱基互补配对原则，通过"变性、退火和延伸"三个步骤，扩增目的 DNA 片段。将这一过程不断循环，上一循环的产物可作为下一循环的模板参与新 DNA 的合成，使得产物的量按照 2^n 倍数增加，经过 25~35 个循环，模板 DNA 可扩增百万倍。因此，微量的 DNA 样品即可完成目的基因的体外克隆。

三、实验仪器和耗材

1. 实验仪器

凝胶成像系统、离心机、PCR 仪、微波炉、电泳仪、电泳槽、电子天平、移液枪等。

2. 实验耗材

离心管(200 μL)、枪头、96 孔板、PCR 管、口罩、乳胶手套等。

四、实验材料和试剂

1. 实验材料

(1) 模板 DNA　实验室准备好的紫花苜蓿基因组 DNA 及 *MYB48*(MYB 转录因子)上下游引物。

(2) 引物　上游引物(forward primer)5′-3′：ATGACCCGTCGTTGTTCTCATTGC；下游引物(reverse primer)5′-3′：TCACAGAACAGTCCCACAAGCTGG。

(3) *MYB48* 全长蛋白质编码区序列　ATGACCCGTCGTTGTTCTCATTGCAGCCACAATGG
GCACAACTCAAGAACTTGTCCAAATCGTGGTGTGAAGCTGTTTGGAGTAAGATTAACCGATGGG
ATCCGGAAAAGTGCTAGTATGGGTAATCTTAGCCACTATAGCGGGTCCGGGTCTGGACTTTTGA
ATACCGGGTCAAATACTCCTGGTTCACCTGGTGAAAACCCTGATCATGGTGCTGATGGTTATGGT
TCTGAGGATTTTGTTCCTGGTTCTTCTTCTACTTCCCGTGAAAGAAAAAGGGCACTCCATGGAC
TGAGGAGGAACATAGAATGTTTTACTTGGATTGAACAAGCTGGGCAAAGGTGATTGGCGTGGA
ATTGCCAGGAACTATGTTATATCAAGGACACCTACTCAAGTGGCCAGTCACGCTCAAAAATATT
TCATCAGGCAAAGCAATGTGTCTAGGCGGAAGAGACGGTCCAGCCTGTTTGATATTGTTGCAGA

CGATGCACCTGATACTTCAATGGTACCACAAGACTTCCTGTCAGCTAATCAACTACAAACTGAA
ACAGAAGGCAATAACCCTTTGCCTGCTCCTCCTCCGCTCGATGAAGAATGTGAATCCATGGATT
CTACAAACTCAAATGATGGAGAGTCTGCCTCTGCCCCATTAAAGCCCGACATCAATGCACAAGC
GTCGGCTTACCCGGTAGTATATCCGGCATATTATTCCCCATTTTTCCCTTTTCCTCTTCCCTATTG
GTCTGGATACAGTCCTGAGCCGGCTCCTAAGAAAGAAACATGAAGTGGTGAAGCCAACCCC
TGTACATTCCAAGAGCCCAATCAATGTCGATGAACTCGTTGGCATGTCAAAACTGAGTTTAGGT
GAAACTATTGGTGATGCTGGCCCCTCGACTCTGTCTCGTAAACTACTCGAAGAAGGTCCTTCTA
GACAGTCGGCTTTTCATACAACT CCAGCTTGTGGGACTGTTCTGTGA

注：标灰底部分为引物设计区域。

2. 实验试剂

(1) 引物　用于扩增 *MYB48* 基因片段，浓度 20 μmol/L。

oligo DNA 是以 OD_{260} 单位计算，是指在 1 mL 体积的 1 cm 光程标准比色皿中，260 nm 波长下吸光度 A_{260} 为 1 的 oligo 溶液定义为 1 OD_{260} 单位。按照此定义，1 OD_{260} 单位相当于 33 μg 的 oligo DNA，可以根据此数据和合成或克隆的 oligo DNA 分子质量，计算得到摩尔数以计算不同摩尔浓度的溶液。

①引物开盖前先离心：4000 r/min，1 min。
②慢慢打开管盖，加入适量缓冲溶液或无核酸双蒸水。
正向：共 2 OD，加 116 μL 缓冲液配成 100 μmol/L 储存液。
反向：共 2 OD，加 100 μL 缓冲液配成 100 μmol/L 储存液。
③盖上盖后充分振荡混匀。
④工作液：从储存液中吸取 10 μL 加入 90 μL DEPC 水稀释成 10 μmol/L 工作液。
⑤PCR 实验：上下游引物各加 1~2 μL。

上游引物 5′-3′：ATGACCCGTCGTTGTTCTCATTGC
下游引物 5′-3′：TCACAGAACAGTCCCACAAGCTGG

(2) 2× *Taq* PCR MasterMix　包括 *Taq* DNA 聚合酶、dNTP、$MgCl_2$、反应缓冲液等。
(3) 琼脂糖凝胶　琼脂糖、核酸染料、1× TAE 缓冲液和超纯水。

1× TAE 缓冲液的配制：先配制 50× TAE 缓冲液（pH 8.5）。即 242 g Tris、37.2 g Na_2 EDTA、57.1 mL 乙酸、800 mL 超纯水，充分搅拌溶解，pH 值调至 8.5，定容至 1 L。每次使用时，取 10 mL 50× TAE 缓冲液，加超纯水定容至 500 mL，即得 1× TAE 缓冲液。

(4) DL1000 DNA Marker。

五、实验方法与步骤

1. 引物设计

(1) 查询基因　网页打开 NCBI 网站，选择"Gene"，输入"*MYB48*"，获得该基因的 CDS 序列。起始编码为 ATG，最后 3 位为终止密码子。

(2) 引物设计　根据 *MYB48* 基因的 CDS 序列，使用 Primer premier 6.0 软件设计引物。引物设计基本原则为：①引物与模板序列严格互补；②上下游引物间避免形成二聚体或发夹结构；③避免引物在非目的位点发生 DNA 聚合反应；④引物长度一般在 15~30 bp，通常为 18~24 bp；⑤引物碱基的 G+C 含量在 40%~60% 为宜；⑥退火温度在 53~62℃。

2. PCR 反应

(1) PCR 反应溶液制备　用移液器按照表 4-1 所列溶液顺序和体积，依次加入相应试剂。

表 4-1　不同体积 PCR 反应溶液所需试剂

试剂	体积/μL		
	10	25	50
2× *Taq* PCR MasterMix	5	12.5	25
上游引物	0.5	1	1
下游引物	0.5	1	1
模板 DNA	1	1	1
超纯水	3	9.5	22

加样结束后，使用移液器轻轻吹打混匀溶液，离心机常温瞬时离心，将溶液集中于 PCR 管底部。

(2) PCR 扩增　将加好样品的 PCR 管放入 PCR 仪，盖好管盖，如下所示参数对 PCR 仪进行设置，然后开始反应。

预变性 94℃	4 min
变性 94℃	1 min ⎫
退火 56℃	1 min ⎬ 30 个循环
延伸 72℃	1 min ⎭
后延伸 72℃	10 min
4℃	结束

3. 制胶

制备 1.2%琼脂糖凝胶。称取 0.3 g 琼脂糖，加入 40 mL 1× TAE 缓冲液，放入微波炉内加热至完全熔化，冷却片刻（不烫手即可），加入核酸染料后摇晃混匀，倒入电泳槽中，冷却凝固。表 4-2 为琼脂糖凝胶配制浓度与 DNA 片段大小的最佳分离范围。

表 4-2　琼脂糖凝胶配制浓度与 DNA 片段大小的最佳分离范围

琼脂糖凝胶浓度/%	0.3	0.6	0.7	0.9	1.2	1.5	2
DNA 片段大小/kb	5~60	1~20	0.8~10	0.5~7	0.4~6	0.2~4	0.1~3

4. 电泳

将凝固好的琼脂糖凝胶放入电泳槽内，用移液器将 PCR 产物上样于点样孔，每孔点样 4~5 μL，第一泳道点 DL1000 DNA Marker，点样完成后盖上电泳槽盖子，线路连接好，通电，设置电泳电压、电流和时间参数，一般设置 150 V，20 min，电流随电压、时间波动。

5. 成像分析

将电泳结束的凝胶轻轻取出，置于凝胶成像系统，拍照观察。

六、实验结果与分析

根据照片中 DL1000 DNA Marker 的分布位置,观察目的条带的大小和亮度,分析 PCR 产物的结果(图 4-1)。

七、注意事项

(1) 引物长度,一般为 15~30 个碱基,引物太短会降低扩增特异性。引物过长退火温度会提高,不利于反应的发生。

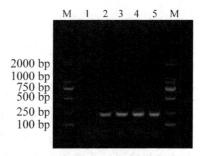

图 4-1 PCR 产物电泳图

M. Marker;1. 不添加模板 DNA 的阴性对照;2~5. 添加模板 DNA 的扩增产物

(2) 引物序列,设计引物时碱基要随机分布,避免碱基或核苷酸的重复导致错误引发;引物间和引物自身序列也要尽量避免互补,防止形成引物二聚体或发夹结构。

(3) 碱基分布,G+C 含量一般为 40%~60%,含量过高或过低都不利于进行反应。其含量过低会使引物不稳定;过高会引发非特异性扩增。

(4) 解链温度(T_m 值),引物的 T_m 值=4(G+C)+2(A+T),尽可能保证上下游引物的 T_m 值一致,一般不超过 2℃。

(5) 引物设计好后进行 BLAST* 检查,检测是否与基因组中重复序列或其他基因位点有交叉同源。

(6) 引物的特异性,引物的 3′端如果含有一个 G 或 C 残基能增加引物的特异性。

(7) 最好设置阳性、阴性对照、设置阳性对照可证明实验体系正常,防止 PCR 抑制造成的假阴性。阴性对照可验证是否存在基因组 DNA 的污染。

(8) 添加试剂,PCR 试剂对温度十分敏感,最好通过冰浴使得 PCR 试剂和 PCR 板/管处于 0℃,所有试剂加好后要混匀。

(9) 电泳检测,扩增产物最好在 48 h 内检测,有些最好于当日电泳检测,大于 48 h 后带型不规则甚至消失。

【参考文献】

李佳乐,林晟豪,许文涛,2021. 快速聚合酶链式反应装置研究进展[J]. 农业生物技术学报,29(12):2416-2426.

邵玉涛,刘丹,郭磊,等,2020. 高粱病程相关蛋白基因的鉴定及荧光定量 PCR 引物筛选[J]. 分子植物育种,18(19):6392-6398.

潘耀谦,金春彬,1999. 聚合酶链反应(PCR)技术体系研究进展[J]. 动物医学进展,20(4):7.

GREEN M R, SAMBROOK J, 2018. The basic polymerase chain reaction (PCR)[J]. Cold Spring Harb Protocols(5):Pdb. protop5117.

YE J, COULOURIS G, ZARETSKAYA I, et al, 2012. Primer-BLAST: a tool to design target-specific

---

* BLAST:basic local alignment search tool,即"基于局部比对算法的搜索工具",是由美国国家生物技术信息中心(National Center for Biotechnology Information, NCBI)开发和管理的一套生物大分子一级结构序列比对程序,可将输入的核酸或蛋白质序列与数据库中的已知序列进行比对,获得序列相似度等信息,从而判断序列的来源或进化关系。

primers for polymerase chain reaction[J]. BMC Bioinformatics, 13: 134.

【拓展阅读】

限制性内切酶

  限制性内切酶是可以识别并附着特定的核苷酸序列,并对每条链中特定部位的两个脱氧核糖核苷酸之间的磷酸二酯键进行切割的一类酶。根据限制性内切酶的结构、辅因子的需求切位与作用方式,可将限制性内切酶分为三种类型,分别是第一型(Type Ⅰ)、第二型(Type Ⅱ)和第三型(Type Ⅲ)。Type Ⅰ限制性内切酶既能催化宿主 DNA 的甲基化,又能催化非甲基化 DNA 的水解;Type Ⅱ限制性内切酶只催化非甲基化 DNA 的水解;Type Ⅲ限制性内切酶同时具有修饰及认知切割的作用。

实验 5 草类植物总 RNA 提取及反转录

一、实验目的

学习草类植物总 RNA 提取和反转录的原理和方法。

二、实验原理

植物体内的 RNA 主要分三类,即 mRNA(信使 RNA)、tRNA(转运 RNA)和 rRNA(核糖体 RNA)。mRNA 是合成蛋白质的模板,并从转录水平上决定蛋白的表达水平,因此提取植物总 RNA 对蛋白核苷酸序列获取和表达水平的测定尤为重要。然而,单链 RNA 极易降解,利用反转录酶将 mRNA 逆转录为双链 cDNA 可以很好地解决该问题。

目前,植物总 RNA 提取主要有两类方法,一类是 Trizol 法,一类是试剂盒法。Trizol 是一种总 RNA 抽提试剂,内含苯酚和异硫氰酸胍等物质,在均质化或溶解样品中,能破坏细胞并抑制细胞释放出的 RNA 酶(RNase)及外源的 RNase 活性,从而保持 RNA 的完整性。加入氯仿离心后,RNA 存在于水相中,再利用醇沉淀法即可获得总 RNA。试剂盒法简单便捷,核酸吸附柱的特异性较好,因此提取的 RNA 纯度较高,但是价格相对昂贵。具体步骤参照 RNA 提取试剂盒的操作手册。本实验主要提供 Trizol 法的提取步骤,并在最后提供了不同草类植物使用的 RNA 提取试剂盒信息。

反转录是以 RNA 为模板,采用 oligo(dT)(多聚胸腺嘧啶)、随机引物或特异性引物,通过反转录酶合成 DNA 的过程。mRNA 反转录产生 cDNA,cDNA 包括了蛋白编码的全部核苷酸序列,但是不含内含子。

三、实验仪器和耗材

1. 实验仪器

低温离心机、PCR 仪、超微量分光光度仪、金属加热器、涡旋仪、振荡器(可选)、电泳槽、电泳仪、研钵、液氮罐、移液枪、凝胶成像系统等。

2. 实验耗材

无 RNA 酶离心管(200 μL、1.5 mL、2 mL)、无 RNA 酶枪头、乳胶手套、剪刀等。

四、实验材料和试剂

1. 实验材料

新鲜的植物样本。

2. 实验试剂

(1) RNA 提取试剂 Trizol、氯仿、异丙醇、75%乙醇、无酶水(DEPC 水)等。

(2) RNA 电泳试剂 琼脂糖(agarose)、1× TAE 缓冲液、上样缓冲液、GelRed 染料等。

(3)反转录试剂盒、DL5000 DNA Marker。

五、实验步骤与方法

1. RNA 提取（Trizol 法）

(1)将剪碎（直径不超过 2 cm）的植物组织放入液氮冻过的研钵，加入少量液氮，迅速研磨，可重复该过程至样本完全破碎，但是最好不要超过 1 min，避免降解。或者可以用振荡器，将装有 50~100 mg 样本和一颗 4 mm 钢珠的 2 mL 无 RNA 酶离心管置于液氮冷却过的振荡器置样台上，40 Hz 振荡 40 s 至样本完全粉碎。

(2)将 50~100 mg 破碎的样本转入加了 1 mL Trizol 的 2 mL 无 RNA 酶离心管，涡旋 1.5 min 混匀。室温静置 5 min 充分裂解细胞。

(3)加入 200 μL 氯仿，轻柔地上下颠倒 10 次使样本混匀，室温静置至完全分层（禁止涡旋，以防基因组 DNA 断裂）。

(4)4℃ 12 000 r/min 离心 10 min，小心吸取上层水相约 600 μL 至新的 1.5 mL 无 RNA 酶离心管（小心吸取并定量，务必不要吸到中间层）。

(5)加入 300 μL 异丙醇，上下颠倒 10 次使样本混匀，室温静置 10 min。

(6)4℃ 12 000 r/min 离心 10 min，小心吸去上清液，RNA 为底部透明胶状物。

(7)加入 1 mL 75% 乙醇，反复颠倒洗涤 RNA。

(8)4℃ 10 000 r/min 离心 5 min，尽量弃尽上清液。

(9)室温干燥约 10 min（不可过分干燥）。

(10)加入 30~50 μL DEPC 水，50℃ 金属浴孵育 10 min 助溶。提取的 RNA 溶液可在 −80℃ 冰箱长期保存。

(11)取 2 μL RNA 溶液用超微量分光光度仪检测纯度和浓度，只有 OD_{260}/OD_{280} 吸光比在 1.8~2.1、OD_{260}/OD_{230} 吸光比在 2.0~2.6，且 RNA 浓度 >100 ng/μL 的样本可以用于后续反转录。

2. RNA 电泳

(1)制备 1% 琼脂糖凝胶 称取 1 g 琼脂糖至 100 mL 1× TAE 缓冲液，混合后微波炉加热至完全溶解，室温放至 60℃ 左右，加入适量核酸染料，倒入制胶板，冷却至常温并完全凝固后将胶齿拔出。

(2)准备电泳槽 将琼脂糖凝胶放入电泳槽，胶孔在负极，电泳槽中加入 1× TAE 缓冲液至没过胶块。

(3)上样跑胶 取 0.5~1 μg RNA 样本，加入适量上样缓冲液，迅速点于胶孔，并于 100 V 电压下跑 30 min。

(4)读取条带 将胶块放置于凝胶成像系统，观察条带情况。从胶孔向下能清晰地看到三条带，分别对应 28S、18S 和 5S，则表示 RNA 完整度较好，可以用于后续反转录。

3. 反转录

参照反转录试剂盒说明书进行操作。

(1)DNA 去除

①冰上配制 10 μL 反应体系：2 μL 5× gDNA Eraser 上样缓冲液，1 μg 模板 RNA，1 μL

gDNA Eraser，无酶水补足体积。

②缓慢吹打混匀后放入 PCR 仪，进行以下程序：42℃ 2 min；4℃保存。

（2）反转录

①冰上操作，在上述体系内加入 4 μL 5× PrimeScript 上样缓冲液，1 μL RT Primer Mix，1 μL PrimeScript RT Enzyme Mix I，无酶水补足至 20 μL。

②缓慢吹打混匀后放入 PCR 仪，进行以下程序：37℃ 15 min；85℃ 5 s；4℃保存。

③反应产物可在 4℃短期储存，在-20℃长期储存。

六、实验结果与分析

RNA 电泳是判断 RNA 完整性最简便的手段之一，28S、18S 和 5S 这三条带应当清晰可见（图 5-1）。当 RNA 电泳结果出现异常情况时需要酌情分析：RNA 条带不清晰且弥散，提示 RNA 降解严重；28S、18S 条带清晰但是向下弥散，且小条带弥散严重，提示样本一定程度降解；加样孔特别亮，可能是蛋白质等残留较多。

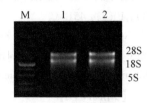

图 5-1　RNA 电泳图

M. Marker；1 和 2. 紫花苜蓿总 RNA

七、注意事项

（1）防止 RNA 酶污染是本实验的关键，操作台面、移液枪和双面板等在使用前可以用 75%乙醇清洁，操作人员在整个操作过程中应当佩戴口罩和乳胶手套，并勤换手套以防污染。

（2）部分实验试剂（如 Trizol、异丙醇）有毒，实验过程全程戴好手套和口罩、穿好实验服。

（3）氯仿具有挥发性，应当在通风橱中添加。

（4）实验结束后实验垃圾放在指定回收桶中。

附：

表 5-1　常见牧草和草坪草 RNA 提取试剂盒

物种	RNA 提取试剂盒
多花黑麦草（*Lolium multiflorum*）	植物 RNA 试剂盒（Omega Biotech, Norcross, GA, USA）
苇状羊茅（*Festuca arundinacea*）	植物 RNA 试剂盒（Omega Biotech, Norcross, GA, USA）
早熟禾（*Poa pratensis*）	TransZol Kit（TransGen, China）
紫花苜蓿（*Medicago sativa*）	植物总 RNA 提取试剂盒（天根生化科技有限公司，北京，中国）
白三叶（*Trifolium repens*）	TGuide 组织/细胞/植物总 RNA 提取试剂盒（天根生化科技有限公司，北京，中国）
老芒麦（*Elymus sibiricus*）	植物总 RNA 提取试剂盒（生工生物工程有限公司，上海，中国） 植物总 RNA 提取试剂盒（天根生化科技有限公司，北京，中国）

【参考文献】

YU G H, XIE Z N, ZHANG J, et al, 2021. Huang B R. *NOL*-mediated functional stay-green traits in perennial ryegrass（*Lolium perenne* L.）involving multifaceted molecular factors and metabolic pathways regulating leaf senescence[J]. Plant Journal, 106(5)：1219-1232.

WANG X Y, HUANG W L, LIU J, et al, 2017. Molecular regulation and physiological functions of a novel *FaHsfA2c* cloned from tall fescue conferring plant tolerance to heat stress[J]. Plant Biotechnology Journal, 15(2): 237-248.

NI Y, GUO N, ZHAO Q L, et al, 2016. Identification of candidate genes involved in wax deposition in *Poa pratensis* by RNA-seq[J]. BMC Genomics, 17(1): 314.

SUN G L, ZHU H F, WEN S L, et al, 2020. Citrate synthesis and exudation confer Al resistance in alfalfa (*Medicago sativa* L.)[J]. Plant and Soil, 449(1/2): 319-329.

ZHANG J C, XIE W G, YU X X, et al, 2019. Selection of suitable reference genes for RT-qPCR gene expression analysis in siberian wild rye (*Elymus sibiricus*) under different experimental conditions[J]. Genes (Basel), 10(6): 451.

XIE W G, ZHANG J C, ZHAO X H, et al, 2017. Transcriptome profiling of *Elymus sibiricus*, an important forage grass in Qinghai-Tibet plateau, reveals novel insights into candidate genes that potentially connected to seed shattering[J]. BMC Plant Biology, 17(1): 78.

【拓展阅读】

植物体内的 RNA

植物体内的 RNA 除了大家熟知的 mRNA（信使 RNA）、rRNA（核糖体 RNA）和 tRNA（转运 RNA），还包括 miRNA（microRNA，小 RNA）、lncRNA（long non-coding RNA，长链非编码 RNA）、siRNA（small interfering RNA，小干扰 RNA）、circRNA（circle RNA，环状 RNA）、snRNA（small nucleolar RNA，核仁小 RNA）等。RNA 可以分为编码 RNA 和非编码 RNA（noncoding RNA，ncRNA），编码蛋白的 mRNA 只占总 RNA 很小的一部分，绝大多数 RNA 是 ncRNA。ncRNA 可以进一步根据功能或长短进行分类，例如，根据功能分为管家 RNA（rRNA、tRNA 和 snRNA 等）和调控 RNA（miRNA、lncRNA 和 siRNA 等）。

实验 6 草类植物 qPCR 检测

一、实验目的

学习草类植物 qPCR 检测的原理和方法。

二、实验原理

高等植物基因表达的变化是生物体内细胞分化、形态发生和个体发育的分子基础。基因表达是极其复杂的过程，不同时空、不同细胞类型、不同环境条件下表达模式都不同。实时荧光定量 PCR 技术(quantitative real-time PCR, qRT-PCR)简称 qPCR，是一种利用荧光基团标记反应产物，通过检测荧光信号对模板进行定量的分析方法，具有灵敏度高、特异性强的优点，目前在分子诊断等领域发挥着重要作用，如对新型冠状病毒的检测。

qPCR 按照荧光产生的原理可以分为染色法(SYBR Green I)和探针法，各有优缺点。草类植物 qPCR 通常使用染色法，具体原理如下：SYBR Green I 是一种具有绿色激发波长的荧光染料，能够与双链 DNA 结合。游离状态下，SYBR Green I 发出微弱的荧光，但一旦与双链 DNA 结合，其荧光增加 1000 倍。因此，一个反应发出的全部荧光信号能够指示双链 DNA 的量，且反应过程中荧光会随扩增产物的增加而增加。

三、实验仪器和耗材

1. 实验仪器

荧光定量 PCR 仪、离心机、移液枪。

2. 实验耗材

离心管(1.5 mL)、96 孔板(qPCR 专用)及其封口膜、PCR 管、枪头(无 RNA 酶)、乳胶手套等。

四、实验材料和试剂

1. 实验材料

实验 5 中准备好的 cDNA 模板。

2. 实验试剂

(1) 引物 根据目的基因的 cDNA 序列设计定量引物，可用 Primer 5 等软件进行设计，设计参考 qPCR 试剂盒要求，选择合适的内参基因(表 6-1)，引物由引物合成公司提供。

(2) qPCR 试剂盒 2× SYBR Green I Mix、双蒸水等。

表 6-1 常见牧草和草坪草 qPCR 内参引物

物种	内参基因	引物序列
鸭茅(*Dactylis glomerata*)	Actin	5′-CACGAAGCGACATACAACT-3′ 5′-TCCACTGAGAACAACATTACC-3′
多花黑麦草(*Lolium multiflorum*)	eEF-1α	5′-GACTCTGGCAAGTCGAC-3′ 5′-GGCTTGGTGGGAATCATC-3′
苇状羊茅(*Festuca arundinacea*)	EF1α	5′-GCGTGACATGAGACAAACGG-3′ 5′-AACAGCAGGAAAACTCCAGAC-3′
早熟禾(*Poa pratensis*)	Actin	5′-TGTTGGATTCTGGTGATGGTGTC-3′ 5′-AGGATGGCGTGCGGAAGG-3′
紫花苜蓿(*Medicago sativa*)	Actin	5′-CCCACTGGATGTCTGTAGGTT-3′ 5′-AGAATTAAGTAGCAGCGCAAA-3′
白三叶(*Trifolium repens*)	ACT101	5′-TGCTTGATTCCGGTGATGGTGTG-3′ 5′-TTCTCGGCAGAGGTACTGAAGGAG-3′
老芒麦(*Elymus sibiricus*)	GAPDH	5′-CTTCACCACCGTCGAAAAGG-3′ 5′-CGTGCTGGCTTGGGTCATA-3′

五、实验步骤与方法

根据 qPCR 试剂盒说明书设置体系。

(1)冰上配制 20 μL 反应体系(表 6-2) 封上封口膜后简单离心。

表 6-2 qPCR 反应体系

试剂	用量/μL	试剂	用量/μL
2× SYBR Green I Mix	10	cDNA 模板(25~50 ng/μL)	4
上游引物(10 μmol/L)	0.4	超纯水	5.2
下游引物(10 μmol/L)	0.4		

(2)反应程序 95℃变性 15 s;95℃变性 10 s,60℃退火 30 s(读板),共 40 个循环。溶解曲线分析,95℃变性 15 s,60℃退火 60 s,60~95℃,每 1℃读板一次,95℃变性 15 s(读板)。

六、实验结果与分析

(1)扩增的特异性可以通过观察溶解曲线进行简单判断:溶解曲线是单峰曲线,相同引物的产物 T_m 值相近。

(2)扩增曲线应当是连续的线形,且具有相近的斜率。

(3)计算目的基因的相对表达量一般采用比较阈值法($2^{-\Delta\Delta Ct}$)。计算公式如下:

$$相对表达量(relative\ expression) = 2^{-\Delta\Delta Ct}$$

$$\Delta\Delta Ct = (Ct_{靶基因} - Ct_{内参基因})_{处理组} - (Ct_{靶基因} - Ct_{内参基因})_{对照组}$$

式中,Ct(cycle threshold)为循环阈值,即反映管内荧光信号到达设定阈值时所经历的循环数。

七、注意事项

(1) 引物设计对于实验成败有决定性作用，选择基因的特异性片段设计引物，产物大小在 80~200 bp 为宜。如果含有多个高度同源基因，可以选择在 5'UTR 或 3'UTR 设计引物。

(2) 反应体系应当尽量预混后分装，如引物相同模板不同的可以根据需要的管数把除了模板以外的成分混好（实配管数=需要的管数的 1.1~1.2 倍，以防分装损失），再进行分装。

(3) 模板添加量要准确，可以适当稀释并充分混匀后使用，规范使用移液枪，确保模板吸打完全。

(4) 保持冰上操作，尽量减少 PCR 管底部在冰面或桌面的摩擦。

(5) 带一次性塑料手套封膜，防止磨花封口膜影响荧光读取；封口膜务必贴紧密，防止反应体系蒸干。

【参考文献】

XIE W G, ZHANG J C, ZHAO X H, et al, 2017. Transcriptome profiling of *Elymus sibiricus*, an important forage grass in Qinghai-Tibet plateau, reveals novel insights into candidate genes that potentially connected to seed shattering[J]. BMC Plant Biology, 17(1): 78.

HUANG L K, YAN H D, JIANG X M, et al, 2014. Reference gene selection for quantitative real-time reverse-transcriptase PCR in orchardgrass subjected to various abiotic stresses[J]. Gene, 553(2): 158-165.

JAMES E D, RUTH C M, 2009. Evaluation of reference genes for quantitative RT-PCR in *Lolium temulentum* under abiotic stress[J]. Plant Science, 176(3): 390-396.

WANG X Y, HUANG W L, LIU J, et al, 2017. Molecular regulation and physiological functions of a novel *FaHsfA2c* cloned from tall fescue conferring plant tolerance to heat stress[J]. Plant Biotechnology Journal, 15(2): 237-248.

NIU K, SHI Y, MA H L, 2017. Selection of candidate reference genes for gene expression analysis in kentucky bluegrass (*Poa pratensis* L.) under abiotic stress[J]. Frontiers in Plant Science, 8: 193.

PI Q, LI Z, NIE G, et al, 2020. Selection and validation of reference genes for quantitative Real-Time PCR in white clover (*Trifolium repens* L.) involved in five abiotic stresses[J]. Plants (Basel), 9(8): 996.

【拓展阅读】

新型冠状病毒的核酸检测

qRT-PCR 在我国新型冠状病毒检测中发挥了至关重要的作用，新型冠状病毒的核酸报告就是根据 qRT-PCR 结果出具的。咽拭子样本采集后运送至实验室，首先进行核酸提取，随后进行逆转录和荧光定量 PCR 检测。检测引物根据新型冠状病毒的特异序列 ORF1ab 和 N 区域设计，人源核糖核酸酶 P(RNase P) 为内参基因。每一批样本设置强阳、弱阳、超纯水和既往阴性对照，新型冠状病毒的特异引物的 Ct 值高于标准值则视为阴性。

实验 7 大肠杆菌质粒提取及鉴定

一、实验目的

学习碱裂解法提取大肠杆菌质粒和利用 DNA 限制性内切酶鉴定质粒的原理和具体的实验操作过程。

二、实验原理

质粒(plasmid)为染色体外的小型闭合环状的双链 DNA 分子,可存在于真核生物细胞核外、原核生物拟核区外以及植物叶绿体和线粒体等细胞器中。质粒不仅具有在生物细胞中稳定存在并自我复制的能力,还具有多种酶切位点、高拷贝数、小分子质量和高稳定性的特点。质粒的以上特点使其成为携带外源基因进入细菌中扩增或表达的重要媒介,在基因工程中具有极广泛的应用价值。

1. 质粒的碱裂解法提取原理

细菌细胞内的质粒 DNA 和染色体 DNA 在强碱和表面活性剂的作用下均会因氢键的断裂而发生变性。染色体 DNA 在此过程中变为单链的线性分子,而质粒 DNA 因为分子质量较小且为环状,变性之后的两条互补链仍紧密地结合在一起。加入缓冲液将 pH 值由强碱性调节至中性时,质粒的两条 DNA 互补链会发生快速而准确的复性,而染色体的两条 DNA 互补链则会发生随机复性,相互缠绕形成网状结构。根据质粒与大分子 DNA、RNA 和蛋白质等菌体成分在分子质量方面的差异,通过离心便可实现细菌细胞中质粒的提取。

2. DNA 限制性内切酶鉴定质粒的原理

DNA 限制性内切酶通过识别 DNA 分子中特定的核苷酸序列(酶切位点)而对 DNA 链进行剪切,剪切后形成的末端包括平末端和黏性末端两种。质粒的两条 DNA 互补链在未经过酶切时呈现超螺旋结构,称为共价闭合环形 DNA(cccDNA);当质粒的两条 DNA 互补链中只有一条单链被限制性识别并酶切后会形成开环 DNA(ocDNA);当质粒的两条 DNA 互补链均被限制性内切酶识别并酶切后会形成线性 DNA(lDNA)。共价闭合环形 DNA、开环 DNA 和线性 DNA 因分子构型不同而在琼脂糖凝胶电泳时具有不同的迁移率:共价闭合环形 DNA > 开环 DNA > 线性 DNA,通过凝胶电泳即可对质粒进行鉴定。

三、实验仪器和耗材

1. 实验仪器

超净工作台、离心机、恒温摇床、恒温水浴锅、凝胶电泳仪、移液枪等。

2. 实验耗材

离心管(1.5 mL、2.0 mL)、96 孔板、枪头、乳胶手套等。

四、实验材料和试剂

1. 实验材料

大肠杆菌(*Escherichia coil*)DH5α 菌株。

2. 实验试剂

(1)LB 液体培养基　10 g 胰蛋白胨、5 g 酵母提取物和 10 g NaCl,加入 800 mL 超纯水;完全溶解后,用 1 mol/L NaOH 调节 pH 值至 7.0,再加入超纯水至 1000 mL;121℃灭菌 15 min 后备用。

(2)质粒提取试剂盒　SanPrep 柱式质粒 DNA 小量抽提试剂盒。

(3)质粒的酶切及鉴定　10× 限制性内切酶缓冲液、限制性内切酶 Hind Ⅲ、限制性内切酶 *Eco*R Ⅰ、核酸染料、琼脂糖和 TAE 缓冲液等。

五、实验方法与步骤

1. 大肠杆菌质粒的提取

(1)细菌培养和收集

①将含有目标质粒的大肠杆菌接种于 LB 液体培养基中,37℃振荡,过夜培养。

②实验前取 2 mL 菌液,室温 6000 r/min 离心 3 min,倒尽培养基。

(2)细菌裂解和质粒的提取

①加入 250 μL 溶液 P1 后重悬菌体,加入 1 μL 裂解染料 VisualLyse 振荡混匀(菌液呈浑浊状态);加入 250 μL 溶液 P2,立即温和颠倒离心管 10 次(菌液呈均匀蓝色),静置 3 min;加入 250 μL 溶液 P3,立即温和颠倒离心管 10 次充分混匀(菌液蓝色消失)。

② 12 000 r/min 离心 10 min,将上清移入吸附柱,9000 r/min 离心 30 s,倒掉收集管中的液体,将吸附柱放入同一收集管。

③向吸附柱中加入 500 μL 去蛋白液(DW1),9000 r/min 离心 30 s,倒掉收集管中的液体,将吸附柱放入同一收集管;向吸附柱加入 500 μL 洗涤液(wash solution),9000 r/min 离心 30 s,倒掉收集管中的液体,将吸附柱放入同一收集管。

④重复步骤 ③,然后将空吸附柱和收集管放入离心机,9000 r/min 离心 1 min。

(3)质粒 DNA 的纯化和保存

①打开吸附柱盖子,室温静置 2 min 后,将吸附柱放入新的离心管中,加入 70 μL 洗脱液(提前 60℃预热),9000 r/min 离心 1 min。

②离心后的溶液重新加入吸附柱,9000 r/min 离心 1 min 得到质粒 DNA。

③将得到的质粒 DNA 放置 4℃短期保存或-20℃长期保存。

2. 质粒的酶切与电泳检测

(1)酶切体系见表 7-1,按照体积从大到小的顺序完成加样。

将上述酶切体系混匀后,进行瞬时离心并于 37℃酶切 60 min。

(2)电泳检测　参照实验 2 琼脂糖凝胶电泳检测 DNA。

表 7-1　酶切体系

试剂	加入体积/μL	试剂	加入体积/μL
无菌超纯水	14	Hind Ⅲ（或 Sac Ⅱ 内切酶）	1
10× 缓冲液 H	2	EcoR Ⅰ（或 Xba Ⅰ 内切酶）	1
质粒 DNA（浓度 110 ng/μL）	2	总体积	20

六、实验结果与分析

根据不同质粒酶切后的产物可对其进行区分和鉴定(图7-1)。不含有 Hind Ⅲ 和 EcoR Ⅰ 酶切位点的质粒将保持超螺旋构型，只含有 Hind Ⅲ 或 EcoR Ⅰ 酶切位点的质粒经酶切后转变为一条双链线性 DNA 分子，而同时含有 Hind Ⅲ 和 EcoR Ⅰ 酶切位点的质粒经双酶切后会形成一长一短两条双链线性 DNA 分子。不含有酶切位点与只含有一个酶切位点的质粒经双酶切后的电泳结果均只显示一个条带，但前者的电泳条带位于后者之前（共价闭合 DNA 在琼脂糖凝胶中的迁移率高于线性 DNA）。

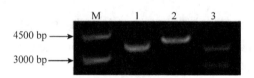

图 7-1　质粒酶切电泳图

M. Marker；1. 未酶切质粒；2. 单酶切位点质粒；3. 双酶切位点质粒

七、注意事项

（1）过夜培养后，收集的细菌量一定要足够，以保证提出质粒的浓度。

（2）加入溶液 P1 时应该充分振荡，以致于加入溶液 P2 时能充分裂解。细菌裂解和质粒提取中间不能间断。

（3）吸去上清液时保证没有沉淀，宁可少吸一些液体。

（4）实验中使用的溶液和枪头都需要高压灭菌，实验全程需佩戴手套进行。

（5）实验结束后将所有实验垃圾回收至指定回收桶。

【参考文献】

都艳霞, 沙伟, 张梅娟, 2009. 碱裂解法提取重组质粒 DNA 及 PCR 验证[J]. 生物技术, 19(2): 35-37.

张泉, 朱鸿飞, 于可响, 等, 2007. 重组大肠杆菌碱裂解方法的改进[J]. 中国生物工程杂志(2): 76-79.

LANCASHIRE J F, TERRY T D, BLACKALL P J, et al, 2005. Plasmid-encoded Tet B tetracycline resistance in *Haemophilus parasuis*[J]. Antimicrobial Agents and Chemotherapy, 49(5): 1927-1931.

MICKEL S, ARENA J V, BAUER W, 1977. Physical properties and gel electrophoresis behavior of R12-derived plasmid DNAs[J]. Nucleic Acids Research, 4(5): 1465-1482.

【拓展阅读】

质粒载体的类型及其应用

质粒载体按复制方式分为松弛型质粒和严紧型质粒。松弛型质粒复制不需要质粒编码的功能蛋白，完全依赖于宿主提供的半衰期较长的酶，即使蛋白质合成受到抑制，质粒复制依然进行。严紧型质粒复制需要一个质粒编码的蛋白，质粒的拷贝数不能通过用氯霉素等蛋白合成抑制剂来增加。大多数基因工程使用松弛型质粒，而严紧型质粒用来表达一些可使宿主细胞受毒害致死的基因。

实验 8　PCR 产物的回收与 DNA 重组

一、实验目的

学习 PCR 产物回收与 DNA 重组的原理和方法。

二、实验原理

PCR 产物除了目的片段外，一般都含有引物、酶及 dNTP，这些成分的存在将影响后续酶切、PCR 产物测序等实验的进行，因此有必要将 PCR 产物进行纯化。目前核酸纯化的方法有很多，商品化试剂盒的出现使得 DNA 的纯化过程变得更加简便快捷。本实验中，采用商品化的 D2500 试剂盒进行 PCR 产物的纯化，XP2 结合缓冲液将大于 100 bp DNA 片断选择性地吸附到 HiBind® DNA Mini Column 的膜上。经 XP2 结合缓冲液、SPW 缓冲液洗涤去除残留在 HiBind® DNA Mini Column 膜上的引物、酶蛋白、单核苷酸、荧光染料或放射性同位素标记的单核苷酸后，吸附到 HiBind® DNA Mini Column 膜上的 DNA 片断经微量的超纯水或洗脱液(elution buffer)洗脱下来，即可用于后续的各种分子生物学实验。

DNA 重组主要包含质粒、DNA、RNA 的提取纯化、酶切、连接、转化、筛选的过程。所谓重组，就是把外源目的基因"装进"载体的过程，即 DNA 的重新组合。为了将目的基因重组于载体中，需要将载体 DNA 和目的基因分别进行适当的处理，一般采用内切酶法将载体 DNA 分子切割成可与外源基因连接的线性分子，使其与用相同内切酶处理过的目的基因分子相互连接，彼此成为配伍末端，以产生末端连接。现在一些生物公司也开发了针对不同插入 DNA 片段的专用载体，如专门用于克隆 PCR 产物的载体，大大方便了实验操作。本实验采用 In-Fusion 重组 DNA，相对于传统的 TA 克隆、酶切酶连法更为高效。In-Fusion 克隆在引物两端加上的是一段 15~20 bp 来自载体酶切位点两侧的同源序列。当带有载体同源序列的 PCR 产物和线性化之后的载体混合在一起后，由于发生了同源重组交换，需要克隆的片段就自动连上载体。In-Fusion 克隆都只能使用线性的 DNA 底物，只要有一条底物为环状 DNA，克隆就不能正常进行。

三、实验仪器和耗材

1. 实验仪器

电子天平、紫外分析仪、干式恒温器、离心机、吸收光酶标仪、超净工作台、电泳系统、摇床、移液枪。

2. 实验耗材

离心管(1.5 mL)、枪头、乳胶手套、试剂盒、手术刀片等。

四、实验材料和试剂

1. 实验材料

PCR 产物、p1300-eGFP 质粒。

2. 实验试剂

(1) 商品化的 D2500 试剂盒。

(2) DNA 重组试剂　EcoR I-HF 限制性内切酶、单片段重组试剂盒。

(3) 重组 DNA 转化试剂　DH5α 感受态细胞、无抗 LB 液体培养基、LB 固体培养基。

(4) 转化所需试剂配制

①卡那霉素(Kan)储存液(50 mg/mL)：称取 500 mg 硫酸卡那霉素于 10 mL 超纯水中溶解，抽滤除菌后 1 mL 分装到 1.5 mL 离心管中，于 -20℃ 冻存。

②无抗 LB 液体培养基(1 L)：称取下列三种试剂于 1 L 烧杯中，称完后加入 800 mL 超纯水充分溶解。10 g 胰蛋白胨、5 g 酵母提取物、10 g NaCl，用 NaOH 调节 pH 值为 7.0，定容至 1 L 后，高压蒸汽灭菌，冷却至室温后 4℃ 保存。

③Kan 抗性的 LB 固体培养基(1 L)：称取下列三种试剂于 1 L 烧杯中，称完后加入 800 mL 超纯水充分溶解。10 g 胰蛋白胨、5 g 酵母提取物、10 g NaCl，用 NaOH 调节 pH 值为 7.0，定容至 1 L 后，加入 15 g 琼脂后高压蒸汽灭菌，冷却至 60℃ 后加入 Kan 储存液，混匀后铺制平板(约 25 mL 培养基/90 mm 培养皿)，完全冷却至室温后，4℃ 避光保存。

(5) 阳性单克隆大肠杆菌保菌试剂(50%甘油)　准确量取 50 mL 甘油(丙三醇)于 100 mL 试剂瓶中，加入 50 mL 超纯水充分摇匀后高压蒸汽灭菌，冷却至室温后 4℃ 保存。

五、实验步骤与方法

1. PCR 产物制备

参照实验 4 草类植物引物设计与 PCR 扩增。

2. PCR 产物的回收

(1) 电泳后 PCR 产物的溶解　称取 1.5 mL 离心管的质量，在紫外分析仪上切下带目的片段的凝胶，装于 1.5 mL 离心管中并称其质量，求出凝胶块的质量，近似地确定其体积。一般情况下，凝胶的密度为 1 g/mL，于是凝胶的体积与质量的关系可按下面换算：凝胶薄片的质量为 0.2 g，则其体积为 0.2 mL；加入等倍凝胶体积的结合缓冲液，把混合物置于 55~65℃ 水浴中温浴至凝胶完全熔化(5~10 min)，其间每隔 2~3 min 振荡或涡旋混匀一次。

(2) PCR 产物的结合　取一个 HiBind® DNA Mini 结合柱装在一个 2 mL 收集管内。转移上一步中混匀的 700 μL(超过 700 μL 的情况分多次转移离心)DNA-琼脂糖溶液到一个 HiBind® DNA Mini 结合柱中，室温下，10 000 r/min 离心 1 min，弃去收集管中的滤液，将柱子套回 2 mL 收集管内。

(3) PCR 产物的清洗

①将 HiBind® DNA Mini 结合柱套回 2 mL 收集管内。转移 300 μL XP2 结合缓冲液至柱子中，室温下，最大速度(13 000 r/min)离心 1 min，弃滤液。

②将 HiBind® DNA Mini 结合柱套回 2 mL 收集管内。转移 700 μL SPW 缓冲液(已加入无水乙醇)至 HiBind® DNA Mini 结合柱中。室温下 10 000 r/min 离心 1 min,弃滤液。

③重复②步骤一次。

④将 HiBind® DNA Mini 结合柱套回 2 mL 收集管内。室温下,13 000 r/min 离心 2 min,以甩干 HiBind® DNA Mini 结合柱基质残余的液体。

⑤将 HiBind® DNA Mini 结合柱装在一个干净的 1.5 mL 离心管上,加入 15~30 μL 的洗脱缓冲液到 HiBind® DNA Mini 结合柱的基质上,室温放置 1 min,13 000 r/min 离心 1 min 以洗脱 DNA。

⑥用吸收光酶标仪测定回收后 PCR 产物的浓度。

3. DNA 重组

(1)载体的酶切 按照实验 7 中所述方法提取质粒后,配制酶切反应体系(表 8-1),用 *Eco*R I -HF 限制性内切酶对质粒进行酶切,完成载体的线性化。

表 8-1 酶切反应体系

试剂	加入量	试剂	加入量
NEB 缓冲液	5 μL	质粒	1 μg
超纯水	至 50 μL	限制性内切酶 *Eco*R I-HF	1 μL

反应条件 37℃温育 5~10 min,失活条件:65℃ 20 min。该产物可直接用于下游重组反应。酶切反应结束后应以空载为对照用电泳进行检测,电泳方法详见实验 2。

(2)PCR 产物的回收。

(3)DNA 重组 重组反应体系见表 8-2 所列。

表 8-2 重组反应体系

试剂	加入体积/μL	试剂	加入体积/μL
线性化载体	X	Exnase II	2
插入片段	Y	超纯水	至 20
5× CE II 缓冲液	4		

表内线性化载体和插入片段用量计算方法如下:

$X = \{[0.02×$ 克隆载体碱基对数$] ÷ $ 酶切后线性化载体浓度$\}$ μL

$Y = \{[0.04×$ 插入片段碱基对数$] ÷ $ 回收后 PCR 产物浓度$\}$ μL

①根据表 8-2 计算重组反应所需 DNA 量:为了确保加样的准确性,在配制重组反应体系前可将线性化载体与插入片段做适当稀释,各组分加样量不低于 1 μL。

②按照表 8-2 于冰上配制重组反应体系。

③使用移液枪轻轻吸打混匀(请勿振荡混匀),短暂离心将反应液收集至管底。

④37℃反应 30 min;降至 4℃或立即置于冰上冷却。

(4)重组后产物转化

①在冰上解冻 DH5α 感受态细胞。

②取 10 μL 重组产物加入到 100 μL 感受态细胞中,轻弹管壁混匀(请勿振荡混匀),

冰上静置 30 min。

③42℃水浴热激 45 s 后，立即置于冰上冷却 2~3 min。

④加入 900 μL 无抗 LB 液体培养基，37℃摇菌 1 h（转速 200~250 r/min）。

⑤将 Kan 抗性的 LB 固体培养基在室温中回温或置于 37℃培养箱预热。

⑥5000 r/min 离心 5 min，弃掉 900 μL 上清。用剩余培养基将菌体重悬，用无菌涂布棒在 Kan 抗性的 LB 固体培养基上轻轻涂匀。

⑦37℃培养箱中倒置培养 12~16 h。

4. 菌落 PCR 检测

（1）PCR 反应体系配制　PCR 反应按照实验 4 进行，菌落 PCR 不加模板，模板由菌斑裂解后产生。引物采用通用引物或通用引物和目的片段引物各一条。

（2）PCR 产物电泳检测　电泳按照实验 2 进行。含有阳性克隆的菌会在 Kan 抗性的 LB 固体培养基上长出来，PCR 检测应该为对应重组产物的大小。

将对应的单克隆为阳性菌，在平板上挑取后摇菌并保菌（菌液：无菌 50%甘油=1:1），再进行下游操作（提取质粒并转化至农杆菌中）。

六、实验结果与分析

（1）PCR 纯化结果　通过吸收光酶标仪测定回收后 PCR 产物的浓度，一般不低于 20 ng/μL 均可以用于下游重组反应。

（2）DNA 重组结果　通过菌落 PCR 进行检测，结果如图 8-1 所示。使用通用引物时，PCR 产生条带大小应为目的片段加上空载上通用引物的片段大小。

图 8-1 中 1、2、3、4、5、7、8 号样品为阳性，对应的单克隆为阳性菌，在平板上挑取后摇菌再进行下游操作（提取质粒并转化至农杆菌中）。

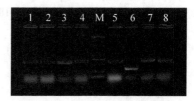

图 8-1　菌落 PCR 检测结果

七、注意事项

1. PCR 产物回收注意事项

（1）电泳缓冲液需新鲜配制，电泳缓冲液反复使用后 pH 值会升高，不常更换会导致回收率下降。

（2）提高模板上样量，可帮助提高胶回收的产量。

（3）切胶时，需尽可能将多余的胶切除，把胶（目的条带）切成小块，以增大与溶胶液的接触面积，冬天室温较低，可适当延长溶胶时间直至胶块完全溶解。

（4）可尝试增加结合缓冲液的用量，如原加入体积为 300 μL，可增加至 400 μL，此操作可提高柱子的捕获 DNA 效率。

（5）溶胶温度需严格控制在 50~60℃，温度过低可能会使溶胶不充分，温度过高可能会造成条带的损失。

2. 酶切反应注意事项

（1）酶应储存在 -20℃。-80℃储存会冻结，反复冻融会降低酶活性。

(2)推荐 50 μL 反应切割 1 ng DNA，过量的 DNA 会导致酶切不完全。

(3)电泳时将未进行酶切的 DNA 作为对照与酶切产物一起跑胶，部分没有酶切彻底的样品会出现与对照相同的条带，星号活性会出现非预期条带。

3. DNA 重组及转化注意事项

(1)重组产物冰上冷却后，可直接转化化学感受态细胞，进行转化时，重组产物转化体积最多不应超过所用感受态细胞体积的 1/10。

(2)重组失败。只有空质粒的条带，说明重组不成功，载体线性化不完全，建议优化酶切体系。

(3)重组反应体系内无 DNA 连接酶，不会引发载体自连。因此，即使是单酶切方式制备的线性化载体也无需进行末端脱磷酸处理。重组产物转化后出现的假阳性克隆(无插入片段)，是由未线性化环状载体转化而形成的。

(4)当插入片段长度大于克隆载体时，最适克隆载体与插入片段使用量的计算方式应互换，即将插入片段当作克隆载体，克隆载体当作插入片段进行计算。线性化克隆载体的使用量应在 50~200 ng；插入片段扩增产物的使用量应在 10~200 ng。线性化克隆载体和插入片段扩增产物未进行 DNA 纯化直接使用时，加入总体积应不超过反应体系体积的 1/5，即 4 μL。

【参考文献】

侯义龙, 2005. PCR 特异产物回收纯化方法的比较[J]. 生物技术(4): 36-37.

万永青, 张杰, 侯向阳, 等, 2018. 羊草 DHN3 基因的克隆及其逆境响应的表达分析[J]. 西北植物学报, 38(9): 1598-1604.

黄春琼, 刘国道, 白昌军, 2013. 基因工程在牧草育种中的应用进展[J]. 草地学报, 21(3): 413-419.

【拓展阅读】

In-Fusion 克隆的缺点

受限于同源区域的序列特性。In-Fusion 克隆的效率和效果受到同源区域序列特征的强烈影响。同源区域的 G+C 含量过高或者过低、具有内部重复序列、含有载体上其他位点的同源序列等情况都会影响克隆高效率。

不能克隆超短片段。对于超短片段，用酶切连接效率会非常高，而且不需要 PCR 扩增插入片段，直接设计两段相反的引物退火就可以形成酶切之后的黏性片段，可以直接用于连接酶反应。

实验9 大肠杆菌中诱导表达外源蛋白

一、实验目的

学习并掌握外源蛋白克隆载体和表达载体构建、大肠杆菌中外源蛋白合成基因诱导表达以及蛋白质 SDS-PAGE 凝胶电泳的原理和具体的实验操作过程。

二、实验原理

1. 外源基因诱导表达原理

大肠杆菌（*Escherichia coli*）中的乳糖操纵子是其基因表达调控的一种重要组织形式。乳糖操纵子由调节基因（R）、代谢激活蛋白结合位点（CAP）、结构基因启动子（P）、操纵基因（O）和结构基因（S）组成。当大肠杆菌生长的培养基中不含乳糖时，由 I 基因编码的阻遏蛋白会与操纵基因结合，导致 *lac* 基因簇的转录抑制。当向大肠杆菌生长的培养基中加入乳糖后，乳糖能够与 I 基因编码的阻遏蛋白结合并改变其三维构象，进而使阻遏蛋白失去与操纵基因结合的能力，最终导致 *lac* 基因簇转录的激增。大肠杆菌 BL21（DE3）是原核表达的常用表达菌株。BL21 是大肠杆菌 B 菌株的蛋白酶缺陷株，通常用来表达异源蛋白。DE3 是染色体里稳定存在的溶原基因，主要部分是 *lacUV5* 启动子控制的 T7pol，乳糖或异丙基硫代半乳糖苷（IPTG）诱导后表达 T 噬菌体 RNA 聚合酶，后者专一识别 T7 启动子后的读码框，转录大量的 mRNA。以常用表达载体 pET-32*a* 为例，当其与外源基因连接并导入表达菌株 BL21 后，外源施加的 IPTG 诱导剂可同时与 BL21 菌株基因组和 pET-32*a* 中的乳糖操纵子的操纵基因结合，并起始 T7 RNA 聚合酶编码基因的表达，产生的 T7 RNA 聚合酶可进一步起始 pET 载体中外源基因的表达。

2. SDS-PAGE 凝胶电泳鉴定原理

蛋白样品在高温及阴离子去污剂十二烷基磺酸钠（SDS）和还原剂 β-巯基乙醇存在的条件下发生变性，多肽链内部和肽链之间的二硫键被还原，肽链被打开。打开的肽链靠疏水作用与 SDS 结合而带负电荷，电泳时在电场作用下，肽链在凝胶中向正极迁移。不同大小的肽链由于在迁移时受到的阻力不同，在迁移过程中逐渐分开，其相对迁移率与分子质量的对数呈线性关系。以已知分子质量的标准蛋白质的迁移率做参考，根据目标蛋白的相对迁移率和理论分子质量大小，即可判断目标蛋白的位置以及表达情况。

三、实验仪器和耗材

1. 实验仪器

超净工作台、离心机、PCR 仪、恒温摇床、恒温培养箱、恒温水浴锅、超声波破碎仪、冰箱、电泳仪、移液枪等。

2. 实验耗材

离心管(1.5 mL、2.0 mL)、96 孔板、枪头、乳胶手套、一次性口罩、称量纸等。

四、实验材料和试剂

1. 实验材料

草类植物叶片等新鲜组织或其 cDNA、大肠杆菌 DH5α 菌株和 BL21(DE3)菌株的感受态细胞悬液、pMD19-T 载体(克隆载体)和 pET-32a 载体(表达载体)。

2. 实验试剂

(1)大肠杆菌培养

①LB 液体培养基：10 g 胰蛋白胨、5 g 酵母提取物和 10 gNaCl,加入 800 mL 超纯水；完全溶解后,用 1 mol/L NaOH 调节 pH 值至 7.0,再加入超纯水至 1000 mL；121℃灭菌 15 min 后备用。

②LB 固体培养基：液体培养基中加入琼脂粉(15 g/L)。

(2)重组表达载体的构建和诱导表达 PCR 产物纯化试剂盒、质粒提取试剂盒、限制性内切酶 *Hind* Ⅲ、限制性内切酶 *Eco*R Ⅰ、核酸染料、琼脂糖、TAE 缓冲液等。100 mg/mL Amp(氨苄青霉素)、200 mg/mL IPTG(将 1 g IPTG 溶于 3 mL 超纯水,定容至 5 mL,0.2 μm 滤膜过滤除菌,分装成每份 1 mL 并存于-20℃)、20 mg/mL X-gal(5-溴-4-氯-3-吲哚-β-D-半乳糖苷；将 20 mg X-gal 溶于 1 mL 二甲基甲酰胺中并存于-20℃)。

(3)SDS-PAGE 凝胶电泳

①Acr-Bis 母液：称取 30 g Acr 和 0.8 g Bis,加超纯水溶解,并定容至 100 mL,滤纸过滤后转入棕色瓶,4℃保存。

②TEMED：增速剂。

③10% SDS：称取 10 g SDS 溶于超纯水中,至终体积为 100 mL,溶液应透明无色。室温下溶液数周内稳定,但遇冷则产生沉淀。

④分离胶缓冲液(1.5 mol/L pH 8.8 Tris-HCl)：称取 54 g Tris,加入约 80 mL 超纯水溶解,用 1 mol/L HCl 调节 pH 值至 8.8 后,再加超纯水定容至 300 mL,4℃保存。

⑤浓缩胶缓冲液(0.5 mol/L pH 6.8 Tris-HCl)：称取 6 g Tris,加入约 30 mL 超纯水溶解,用 1 mol/L HCl 调节 pH 值至 6.8 后,再加超纯水定容至 100 mL,4℃保存。

⑥2× 样品缓冲液：内含 1% SDS,1%疏基乙醇,40%蔗糖或 20%甘油,0.02%溴酚蓝,0.01 mol/L pH 8.0 Tris-HCl 缓冲液。

⑦电泳缓冲液(pH 8.0)：分别称取 6 g Tris、28.8 g 甘氨酸、2 g SDS,用超纯水溶解并定容至 1000 mL,使用时稀释 1 倍。

⑧染色液：0.25 g 考马斯亮蓝 R-250,加 90.8 mL 50%甲醇,9.2 mL 乙酸,溶解混匀后使用。

⑨脱色液：75 mL 乙酸、50 mL 甲醇,加超纯水 875 mL,混匀使用。

五、实验步骤与方法

1. 目的基因的克隆

提取草类植物叶片等新鲜植物组织的 RNA 并反转录为 cDNA（参照实验 5 草类植物总 RNA 提取及反转录），然后 PCR 反应扩增目标基因（参照实验 4 草类植物引物设计与 PCR 扩增）。PCR 产物经回收和纯化后与 pMD19-T 连接，连接产物转化 DH5α 感受态细胞，培养后涂布氨苄抗性 LB 固体培养基（参照实验 8 PCR 产物的回收与 DNA 重组）。挑取白色阳性重组菌落进行过夜培养，然后提取重组质粒，经酶切后进行琼脂糖凝胶电泳检测（参照实验 7 大肠杆菌质粒提取及鉴定）和 DNA 测序鉴定，获得阳性重组质粒。

2. 重组表达载体的构建和鉴定

用限制性内切酶 *Hind* Ⅲ 和 *Eco*R Ⅰ 分别对重组 T 载体和表达载体 pET-32*a* 进行双酶切。回收的目标基因片段与 pET-32*a* 载体连接后，转化大肠杆菌 DH5α 感受态细胞，培养后涂布氨苄抗性 LB 固体培养基，并挑取白色阳性重组菌落进行培养过夜。提取重组质粒，经双酶切后琼脂糖凝胶电泳检测和 DNA 测序验证，获得重组表达载体。

3. 重组表达菌株的构建和鉴定

将重组表达载体转化大肠杆菌 BL21 菌株的感受态细胞，培养后涂布氨苄抗性平板，并挑取白色阳性重组菌落进行培养过夜。提取重组质粒，经双酶切后琼脂糖凝胶电泳检测及 DNA 测序验证，获得重组表达菌株。

4. 外源蛋白诱导表达

（1）将含有重组表达载体 pET-32*a* 的 BL21 菌株单菌落接种于氨苄抗性的 5 mL LB 液体培养基中过夜培养（37℃，180 r/min）。

（2）按 1∶100 接种量转接至新鲜的 LB 液体培养基中，37℃振荡培养，待 OD_{600} 达 0.6~0.8 时，加入 0.1~1.0 mmol/L IPTG，20~30℃ 诱导目标蛋白表达 2~10 h。以诱导后空载体和未加 IPTG 诱导的培养物作为对照。通过 IPTG 浓度、诱导温度、诱导时间等条件的改变，从而确定诱导目标蛋白最佳表达条件。

（3）将培养物分别转移至 2.0 mL 离心管中，离心收集细胞沉淀（4℃，12 000 r/min，10 min）。加入 1 mL 0.01 mol/L 磷酸缓冲液（pH 7.8）重新悬浮细胞体，在冰上对细胞悬浮液进行超声处理（300 W，超声 5 s，间隔 5 s，共 5 min），然后离心收集上清液（4℃，12 000 r/min，10 min）。

（4）将收集的上清液用于 SDS-PAGE 凝胶电泳分析，检测目标蛋白的表达情况。

5. SDS-PAGE 凝胶电泳

（1）制胶　将两面已彻底清洗并用超纯水冲洗干净后晾干的玻璃板，对齐后放入制胶板中卡紧。在配好的 12% 分离胶中，加入 TEMED 后立即摇匀即可灌胶。灌胶时，可用 1 mL 移液枪沿玻璃放出胶，待胶面升到离玻璃板口 2~3 cm 时即可。然后胶上加一层超纯水赶走气泡，且水封后的胶凝干得更快。当水和胶之间有一条折射线时，说明胶已凝固，再等几分钟使胶充分凝固就可倒去胶上层水，并用吸水纸将水吸干。在配好的 5% 浓缩胶中，加入 TEMED 后立即摇匀即可灌胶。将剩余空间灌满浓缩胶然后将梳子插入浓缩胶中。插梳子时要使梳子保持水平，由于胶凝固时体积会收缩减小，使加样孔的上样体积减小，所以在浓缩胶凝固的过程中要在两边补胶。待到浓缩胶凝固后，两手分别捏住梳子的两边竖直向上轻轻将其拔出。

(2) 样品的制备　取上述外源蛋白诱导表达后获得的上清液，分别按等体积加入 2× 样品缓冲液，混匀后置 100℃ 保温 5 min，冷却备用。同时低分子质量标准蛋白也在 100℃ 保温 5 min，冷却备用。

(3) 加样和电泳　小心拔出梳子后，在孔槽内加入缓冲液，使锯齿孔内的气泡全部排出，否则会影响加样效果。在电泳槽中加入电泳缓冲液。用移液枪分别吸取 10~20 μL 的样品和标准蛋白液，沿玻璃板壁小心加入不同的梳孔中，使样品沉入梳孔底部，并记录好加样顺序。电泳开始时电压控制在 80~100 V，待溴酚蓝色带进入分离胶后，将电压升高至 120~150 V。当溴酚蓝色带离底部约 1 cm 即可终止电泳。

(4) 染色和拍照　取出凝胶板，将分离胶部分置于染色液中，摇床上于 45 r/min 孵育 30~60 min。然后弃去染色液，用超纯水将凝胶表面冲洗干净，将凝胶置于脱色液中，直到蛋白质区带清晰。脱色后用滤纸吸干凝胶表面水分后进行拍照，根据标准蛋白和样品的相对迁移率，判断目标蛋白的迁移位置和表达情况。

六、实验结果与分析

将含有目标蛋白基因(以木聚糖酶基因为列)的重组表达载体转化大肠杆菌表达菌株 BL21，在 0.5 mmol/L IPTG 浓度下，30℃ 诱导不同时间后取样进行 SDS-PAGE 检测(图 9-1)。pET-32a 空载体诱导后和重组表达质粒未经诱导的对照，均未见明显的特异性条带；而重组质粒经 IPTG 诱导后产生了一条相对分子质量约 65 000 的特异性条带，由于载体中 His (组氨酸)表达标签为 18 000，所诱导蛋白的实际大小约为 47 000，与目标蛋白大小接近，表明目的基因在大肠杆菌得到成功表达。重组蛋白在诱导 2 h 后开始高效表达，随诱导时间延长表达量有所升高，在诱导 8 h 后蛋白表达量最高(图 9-1)。

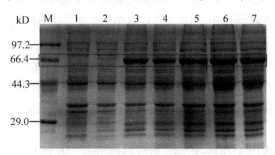

图 9-1　重组蛋白在大肠杆菌中诱导表达(孟璐璐等，2019)

M. 低分子质量标准蛋白；1. pET-32a 空载体；2. 未加 IPTG 诱导的重组表达菌株的培养物；
3~7. 重组表达菌株培养物加入 0.5 mmol/L IPTG 在 30℃ 下分别诱导 2、4、6、8 和 10 h

七、注意事项

(1) 分别双酶切克隆载体和表达载体时，需要考虑两种限制性内切酶的最适温度和最适缓冲液是否一致，如果不同，需要先进行单酶切，回收目的片段后再进行另一种单酶切，最终回收获得所需目的片段。通过双酶切鉴定出阳性克隆后，需送至测序公司进行

DNA 测序，进一步证实获得插入正确目的片段的重组载体。

（2）重组表达菌株在进行涂布和液体培养时，都需在固体培养基和液体培养基中提前加入相应的筛选抗性，否则会导致质粒丢失和菌株退化。

（3）诱导物 IPTG 对细胞生长存在抑制作用，因此在添加 IPTG 诱导时，在保证启动目标蛋白表达的情况下，应尽量降低 IPTG 的诱导浓度。在 IPTG 诱导过程中，需严格控制菌体 OD 值范围（0.6~0.8），前期诱导可能增加代谢负担，导致最终菌生长不旺盛；对数后期诱导可避免代谢负担。

（4）IPTG、Acr、TEMED 和 SDS 等均为有毒试剂，佩戴手套和口罩并注意操作安全。

【参考文献】

李燕，2017. 精编分子生物学实验技术[M]. 西安：世界图书出版社.

孟璐璐，于春蕾，练森，等，2019. 苹果树腐烂病菌木聚糖酶 *VmXyl1* 基因的原核表达及多克隆抗体制备[J]. 农业生物技术学报，27（2）：315-322.

KIM KH, KIM YG, LEE BH, et al, 2012. Overexpression of alfalfa mitochondrial HSP23 in prokaryotic and eukaryotic model systems confers enhanced tolerance to salinity and arsenic stress[J]. Biotechnology Letters, 34(1): 167-174.

KUMAR P, KOTHARI H, SINGH N, 2004. Overexpression in *Escherichia coli* and purification of pteridine reductase (PTR1) from a clinical isolate of *Leishmania donovani*[J]. Protein Expression and Purification, 38(2): 228-236.

WANG Y, SONG JZ, YANG Q, et al, 2010. Cloning of a heat-stable chitin deacetylase gene from *Aspergillus nidulans* and its functional expression in *Escherichia coli*[J]. Applied Biochemistry and Biotechnology, 162(3): 843-854.

【拓展阅读】

克隆载体与表达载体

根据质粒载体在原核生物中外源基因表达研究中的作用，可将其分为克隆载体和表达载体。克隆载体主要由复制起点、多克隆位点（酶切位点）以及抗性基因组成，外源基因片段与克隆载体连接并导入菌株后，可随宿主菌株的增殖而实现多次克隆。表达载体在克隆载体结构的基础上还含有基因表达调控原件，如常用的表达载体 pET-32*a* 中含有外源基因表达所必需的 T7 启动子和 T7 终止子。

植物生物反应器

植物生物反应器是指通过基因工程途径，以常见的农作物作为"化学工厂"，通过大规模种植生产具有高经济附加值的医用蛋白、工农业用酶、特殊碳水化合物、生物可降解塑料、脂类及其他一些次生代谢产物等生物制剂的方法。

实验 10　草类植物蛋白检测

一、实验目的

学习 Western Blot 的实验原理和步骤，了解其在植物研究中的作用。

二、实验原理

Western Blot 即蛋白质印迹法(蛋白质免疫印迹)，是一种检测组织或样品提取物中特定蛋白质的一种分析技术，是分子生物学、生物化学和免疫遗传学中常用的一种实验方法。其基本原理是利用凝聚电泳分离天然或变性的蛋白质，然后将蛋白质转移到膜上(通常是硝酸纤维素膜)，对膜进行阻断(封闭)处理后利用抗体进行检测。通过分析着色的位置和着色的深度确定特定蛋白质在所分析的细胞、组织或个体中表达信息。对已有抗体的表达蛋白，可用相应抗体进行分析，对无抗体的基因的表达产物，可通过融合标签抗体检测。Western Blot 通过聚丙烯酰胺凝胶电泳分离样品中不同大小的蛋白，然后通过电转方式转移到固相载体(如硝酸纤维素膜)上，蛋白以非共价键形式结合固相载体上，与对应的一抗发生免疫反应，再与 HRP(辣根过氧化物酶)标记的二抗产生免疫反应，最后经过底物显色展示。

三、实验仪器和耗材

1. 实验仪器

电泳仪、电泳槽、摇床、离心机、发光仪、移液枪。

2. 实验耗材

离心管(1.5 mL)、96 孔板、枪头、乳胶手套、镊子、滤纸、酶标板、硝酸纤维素膜(NC 膜)、超灵敏化学发光检测试剂盒等。

四、实验材料和试剂

1. 实验材料

'中苜 1 号'叶片组织蛋白质样品。

2. 实验试剂

(1) 5× 上样缓冲液　2 g SDS，5 mL 1 mol/L Tris-HCl(pH 6.8)，50 mg 溴酚蓝，5 mL 甘油，加超纯水定容至 10 mL，分装成每管 1 mL，-20℃保存。使用前加入 β-巯基乙醇 500 μL(现用现加)。

(2) 10× 电泳缓冲液　30.2 g Tris，144 g 甘氨酸，10 g SDS，最后超纯水定容至 1 L。

(3) 10× 转膜缓冲液　60 g Tris，82 g 甘氨酸，加超纯水定容至 1 L。

(4) 10% SDS 溶液　0.1 g SDS，溶于 1 mL 超纯水中，室温保存。

(5) 下层胶缓冲液(1.5 mol/L Tris-HCl)　称取 18.15 g Tris 溶于 50 mL 超纯水,用 HCl 调节 pH 值至 8.0 后定容至 100 mL。过滤后 4℃保存。

(6) 上层胶缓冲液(1 mol/L Tris-HCl)　6.05 g Tris 溶于 40 mL 超纯水中,用 HCl 调节 pH 值至 6.8 后定容至 100 mL。过滤后 4℃保存。

(7) 20× TBST 溶液　48.4 g Tris,160 g NaCl,2 mL Tween-20,用 HCl 调节 pH 值至 8.0,后加超纯水定容至 1 L。

(8) 封闭液(5%脱脂奶粉)　取脱脂奶粉 1.0 g 溶于 20 mL 1× TBST 中,现配现用。

(9) 显色液　使用超灵敏化学发光检测试剂盒。

(10) 10% APS　0.1 g APS 加超纯水定容至 1 mL,用前新鲜配制。

(11) SDT 溶液　10 mL 0.1 mol/L Tris-HCl,25 mL 10% SDS,用 HCl 调节 pH 值至 8.0 后定容至 100 mL。

(12) 蛋白提取缓冲液(SMN 溶液,400 mL)　54.76 g 蔗糖,4 mL 1 mol/L MOPS(3-吗啉丙磺酸),0.243 g NaCl,加超纯水至 400 mL。

五、实验步骤与方法

1. 蛋白样品提取

(1) 取 1 g 苜蓿叶片,用液氮速冻,置于 13 cm 瓷研钵中,直至组织变成粉末(期间多次添加液氮以便维持低温),然后将粉末转移至 2 mL 的离心管中,并用 500 μL SMN 溶液重悬。向重悬液中加入 1/500 体积蛋白酶抑制剂 PMSF(致癌、有毒,一般检测可不加,其作用主要是抑制蛋白样品的降解)。

(2) 4000 r/min 离心 5 min,将上清转移至 5 mL 离心管中并加入 4 倍体积的预冷的甲醇溶液、同体积的氯仿、3 倍体积的超纯水,室温,12 000 r/min 离心 5 min 收集蛋白沉淀,用甲醇洗涤 2 次。

(3) 将洗涤后沉淀,放入通风橱中,自然风干,去除沉淀中残存的有机试剂。

(4) 将上述所得的蛋白沉淀溶于 2 mL SDT 溶液中,离心去除不溶的杂质。

(5) 使用 BCA 法检测蛋白浓度,-80℃冻存以备用。

2. BCA 法测定蛋白质浓度

(1) 配制 0.25 mg/mL、0.5 mg/mL、0.75 mg/mL、1.0 mg/mL、1.5 mg/mL、2.0 mg/mL 的 BSA 浓度梯度标准品。

(2) 向 96 孔板中依次加入 5 μL 样品、标准品和超纯水,每种样品都有三个技术重复。

(3) 配制 BCA 工作液,试剂 B∶A = 1∶50。

(4) 向 96 孔板中加入 100 μL BCA 工作液,37℃水浴 30 min。

(5) 使用酶标仪检测样品在波长 562 nm 下吸光值,并根据标准曲线计算样品的浓度。

3. SDS-PAGE 电泳

(1) 清洗玻璃板　扣紧玻璃板,并轻轻搓洗。待两面搓洗过后用超纯水冲洗,水流尽量朝着一个方向,然后将玻璃板置于超纯水中,拿出后立在架子上晾干。

(2) SDS-PAGE 凝胶的制备

①将厚玻璃板有棱的一侧与薄玻璃板对齐后放入夹中卡紧,然后垂直卡在架子上准备

(a) (b)

图 10-1　SDS-PAGE 凝胶的制备

(a)制胶试剂；(b)玻璃板的位置

灌胶(操作时要使两玻璃对齐,以免漏胶)。如图 10-1(b)所示。

②按照表 10-1 配制 12%分离胶(下层胶),加入 TEMED 后立即混匀即可灌胶。灌胶时,可用移液枪将胶沿玻璃缝中间位置灌入,待胶面高度升至玻璃板高度的 75%左右即可,立即用超纯水封胶。操作时胶一定要沿玻璃板流下,这样可避免胶中产生气泡。加水液封时要慢,否则胶会被冲变型,浓度不均匀。

③当水和胶之间出现一条折射线时(需 30~60 min),表明胶已凝固。此时,倒去胶上层水,并用吸水纸将水吸干。

表 10-1　配制 SDS-PAGE 凝胶电泳 12%分离胶溶液　　　　　　　　mL

溶液成分(总体积)	5	10	15	20	25	30
超纯水	1.6	3.3	4.9	6.6	8.2	9.9
30% Acr	2.0	4.0	6.0	8.0	10.0	12.0
1.5 mol/L Tris(pH 8.8)	1.3	2.5	3.8	5.0	6.3	7.5
10% SDS	0.05	0.1	0.15	0.2	0.25	0.3
10% APS	0.05	0.1	0.15	0.2	0.25	0.3
TEMED	0.002	0.004	0.006	0.008	0.01	0.012

④按照表 10-2 配制 5%浓缩胶(上层胶),加入 TEMED 后立即摇匀灌胶。将剩余空间灌满浓缩胶后,插入梳子(灌胶时须将胶沿玻璃板流下以免胶中产生气泡,插梳子时要使梳子保持水平)。待到浓缩胶凝固后(至少 30 min),捏住梳子的两边竖直向上轻轻拔出(图 10-2)。

表 10-2　配制 SDS-PAGE 凝胶电泳 5%浓缩胶溶液　　　　　　　　mL

溶液成分(总体积)	3	4	5	6	8
超纯水	2.1	2.7	3.4	4.1	5.5
30% Acr	0.5	0.67	0.83	1.0	1.3
1 mol/L Tris(pH6.8)	0.38	0.5	0.63	0.75	1.0
10% SDS	0.03	0.04	0.05	0.06	0.08
10% APS	0.03	0.04	0.05	0.06	0.08
TEMED	0.003	0.004	0.005	0.006	0.008

(3)蛋白电泳样品的制备

①根据蛋白浓度,计算 20 μg 蛋白所需体积。取出样品至 0.5 mL 离心管中,加入 5× SDS 上样缓冲液和超纯水至终浓度为 1×(上样总体积一般不超过 15 μL)。点样前需将样品置于沸水浴 5 min 使其变性,室温,12 000 r/min 离心 30 min。

②夹好胶板,并将其放入电泳槽中(薄板面向内,厚板面向外)。

③将内槽加满电泳缓冲液后开始准备点样,加样时样品要缓慢加入(加样太快会使样品冲出加样孔,对结果造成影响)。

(4)电泳 电泳全程需要冰浴(图 10-3),小心吸取上清点样电泳,进行琼脂糖凝胶电泳分析的条件:4%浓缩胶,60 V,30 min;分离胶,140 V,1 h;待溴酚蓝到达 SDS-PAGE 胶底部时,停止电泳进行下一步转膜。

图 10-2 凝胶配制

图 10-3 电泳(冰浴)

4. 转膜

(1)准备 4 张 7.0~8.3 cm 的滤纸和 1 张 7.3~8.6 cm 的 NC 膜(需用已加甲醇的转膜缓冲液浸泡活化)。切勿用手接触滤纸和膜(手上的蛋白会污染膜)。

(2)在加有转膜液的盘里放入转膜需用的夹子、两块海绵垫、镊子、玻璃棒、滤纸和浸过的膜[图 10-4(a)]。

 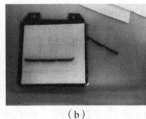 
(a)　　　　　　　　　　(b)　　　　　　　　　　(c)

图 10-4 转膜操作
(a)转膜材料;(b)三明治装置的组装;(c)转膜放置

(3)三明治装置的组装,首先在以夹子黑色端铺上一层海绵,然后依次铺上两层滤纸、SDS-PAGE 凝胶、NC 膜、两层滤纸、一层海绵,在组装的过程中尽量赶去气泡[图 10-4(b)]。

(4)将三明治装置装入转膜槽,要使夹的黑面对槽的黑面,夹的白面对槽的红面,然后倒入转膜缓冲液,0.3 A 电转 1.5 h,在整个转膜过程中需要冰水浴处理[图 10-4(c)]。

(5)转膜完毕后,使用丽春红染色液染膜以确定蛋白样品转膜成功,并将膜置于保鲜膜上用扫描仪进行扫描。

5. 免疫反应

(1)加入 5 mL 5%脱脂奶粉/TBST 于 50 mL 离心管中,室温封闭 3 h。

(2)将膜转移至含有 7 mL 一抗孵育液(一抗∶TBST = 1∶3000)方型培养皿,并置于摇床孵育 90 min(4℃过夜效果会更好),随后使用 1×TBST 清洗膜三次,每次 15 min,加入 7 mL 二抗孵育液(二抗∶TBST = 1∶3000)孵育 1 h,1×TBST 清洗膜三次,每次 15 min(二抗回收重复使用)。

6. 化学发光、显影

化学发光的原理是基于 HRP 的催化反应,它能够在过氧化氢的作用下,将无色的还原型染料氧化成有色的染料。具体操作步骤如下:首先将 NC 膜放入发光仪,加入 1 mL 超灵敏化学发光液(A∶B=1∶1),进行化学发光,根据条带亮度可判断蛋白差异性表达。

7. 凝胶图像分析

将 NC 膜进行扫描或拍照,用凝胶图像处理系统分析目标带的分子质量和净光密度值。Western Blot 结果如图 10-5 所示。

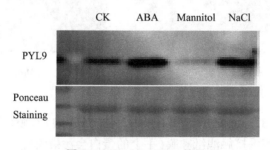

图 10-5　Western Blot 结果

六、注意事项

(1)提取蛋白质过程中,应在低温环境下进行,以抑制蛋白酶的水解(可加入蛋白酶抑制剂)。

(2)蛋白样品建议分装后冷冻干燥或直接以液体态置-80℃中保存,切忌反复冻融。

(3)蛋白浓度低时,可使用超滤膜浓缩或者用真空冻干机将蛋白冻干。

(4)小电压会使胶的分子筛效应得到充分发挥。电压越小,条带越漂亮,浓缩胶 55 V,分离胶 75 V 就能跑得很好,但是实验的时间会很长。

(5)胶越均匀,条带越窄,分离越均匀。倒胶之前,一定要充分混匀(不要有气泡),玻璃板一定要干净,超纯水密封时,一定要比较轻地加上去,避免稀释上层的分离胶。

(6)APS 和 TEMED 是促凝的,可根据温度调节加入量。

(7)玻璃板一定要洗干净,否则制胶时会有气泡。

(8)Acr 具有神经毒性,操作时注意安全,戴手套(凝胶以后,聚丙烯酰胺毒性降低)。

(9)上样量不宜太高,蛋白含量每个孔控制在 10~20 μg,一般小于 15 μL,太多会导致溢出。

【参考文献】

JING X Q, LI W Q, ZHOU M R, et al, 2021. Rice carbohydrate-binding malectin-like protein, OsCBM1, contributes to drought-stress tolerance by participating in NADPH oxidase-mediated ROS production[J]. Rice, 14(1): 1-21.

WANG F, ZHU D, HUANG X, et al, 2009. Biochemical insights on degradation of *Arabidopsis* DELLA proteins gained from a cell-free assay system[J]. The Plant Cell, 21(8): 2378-2390.

SEO K I, LEE J H, NEZAMES C D, et al, 2014. ABD1 is an *Arabidopsis* DCAF substrate receptor for CUL4-DDB1-based E3 ligases that acts as a negative regulator of abscisic acid signaling[J]. The Plant Cell, 26: 695-711.

YAN J, LI X, ZENG B, et al, 2020. FKF1 F-box protein promotes flowering in part by negatively regulating DELLA protein stability under long-day photoperiod in *Arabidopsis*[J]. Journal of Integrative Plant Biology, 62(11): 1717-1740.

【拓展阅读】

PRM 技术

平行反应监测(parallel reaction monitoring, PRM)是一种能够对目标蛋白质、目标肽段(如发生翻译后修饰的肽段)进行高分辨、高精度选择性检测质谱技术。该技术的流程如下：首先通过四级杆进行母离子的筛选；其次被选择的母离子在碰撞池(collision cell)中碎裂；最后利用高质量精度分析器检测所选择的母离子窗口内的所有碎片的信息。这样即可对复杂样本中的目标蛋白质或肽段进行准确地特异性分析。PRM是针对特定蛋白实现精准定量关键技术，可同时对多达几十个蛋白进行定量，被称为"质谱领域的Western-Blot"。它不依赖抗体，对一些没有抗体的蛋白，以及针对翻译后修饰的蛋白，可以很快拿到定量结果，并且具有重现性好、定量范围广和灵敏度高等特点。

实验 11　草类植物交错式热不对称 PCR

一、实验目的

学习交错式热不对称 PCR(thermal asymmetric interlaced PCR，TAIL-PCR)技术的原理和方法，用于分离与已知基因组 DNA 序列邻近的未知 DNA 序列。

二、实验原理

在分子生物学研究中，因克隆和分子杂交的探针制备等操作常需分离与已知 DNA 序列邻近的未知序列，TAIL-PCR 能够较好地解决上述难题。TAIL-PCR 技术的基本原理是利用目标序列旁的已知序列设计三条同向且退火温度较高的特异性引物(special prime，简称 sp1、sp2、sp3，约 20 bp)，用它们分别和一个具有低 T_m 值的、短的(14 bp)随机简并引物(arbitrary degenerate primes，AD)相组合，以基因组 DNA 作为模板，根据引物的长短和特异性的差异设计不对称的温度循环，进行热不对称 PCR 扩增反应。通过分级反应来扩增特异片段，一般通过三次嵌套 PCR 反应即可获取已知序列的侧翼序列。TAIL-PCR 技术简单易行，反应高效灵敏，产物的特异性高，重复性好，能够在较短的时间内获得目标片段，已经成为分子生物学研究中的一种实用技术。经改良过的 TAIL-PCR 成功地从突变体中克隆到外源插入基因的旁侧序列，从而为启动子的克隆提供了有效的新方法。因此，本实验以箭筈豌豆为例，利用 TAIL-PCR 技术克隆 *VsAGAMOUS* 基因的启动子序列。

三、实验仪器和耗材

1. 实验仪器

离心机、PCR 仪、微量紫外分光光度计、制冰机、水平电泳槽、电泳仪、液氮罐、移液枪等。

2. 实验耗材

离心管(1.5 mL)、96 孔板、枪头、乳胶手套、研钵、剪刀等。

四、实验材料和试剂

1. 实验材料

'兰箭 4 号'和'兰箭 5 号'箭筈豌豆新鲜叶片。

2. 实验试剂

(1)PCR 试剂　植物基因组 DNA、上下游引物、超纯水、dNTP、Mg^{2+}、*Taq* DNA 聚合酶(Ex *Taq* HS)等。

(2)琼脂糖凝胶　琼脂糖、GelStain(10 000×)、50× TAE 缓冲液。

50× TAE 缓冲液配制方法：242 g Tris，37.2 g Na_2EDTA，加入 800 mL 超纯水中，充

分搅拌混匀后加入 57.1 mL 冰醋酸,充分溶解,最后定容至 1 L,室温避光保存。

五、实验步骤与方法

1. DNA 提取
参照实验 1 草类植物 DNA 提取。

2. PCR 常规反应体系和扩增程序

(1) PCR 反应体系　根据 *VsAGAMOUS* 基因 5'序列信息设计预扩增 PCR 引物 0a,第一轮 PCR 引物 1a 和第二轮 PCR 引物 2a;简并引物 LAD1_1、LAD1_2、LAD1_3、LAD1_4 和 AC1 来源于之前的文献报道(Liu et al,2007),以上引物信息见表 11-1 所列。

TAIL-PCR 共分三轮反应:

预扩增 PCR 反应体系 50 μL,含 5 μL 10× PCR 缓冲液,8 μL 10 mmol/L dNTP 混合物,0.5 μL 5 U/μL Ex *Taq* HS,引物 0a、LAD 引物各 10 μL,1 μL 基因组 DNA(400 ng)。

首轮 PCR 体系 50 μL,含 5 μL 10× PCR 缓冲液,8 μL 10 mmol/L dNTP 混合物,0.5 μL 5 U/μL Ex *Taq* HS,引物 1a、AC1 各 2 μL,20 倍稀释预扩增 PCR 产物 1 μL。

第二轮 PCR 体系 50 μL,含 5 μL 10× PCR 缓冲液,8 μL 10 mmol/L dNTP 混合物,0.5 μL 5 U/μL Ex *Taq* HS,引物 2a、AC1 各 2 μL,20 倍稀释首轮 PCR 扩增产物 1 μL。

表 11-1　引物名称及序列信息

引物名称	引物序列
0a	5'-GCTGATTTTGCACCAGAAGTATCTGAAC-3'
1a	5'-ACGATGGACTCCAGTCCGGCCCCACGAGTCGAGAAGACGATAAGAGC-3'
2a	5'-CATCACAAAGCACAGATAACTCATA-3'
LAD1_1	5'-ACGATGGACTCCAGAGCGGCCGC(G/C/A)N(G/C/A)NNNGGAA-3'
LAD1_2	5'-ACGATGGACTCCAGAGCGGCCGC(G/C/T)N(G/C/A)NNNGGTT-3'
LAD1_3	5'-ACGATGGACTCCAGAGCGGCCGC(G/C/A)(G/C/A)N(G/C/A)NNNCCAA-3'
LAD1_4	5'-ACGATGGACTCCAGAGCGGCCGC(G/C/T)(G/A/T)N(G/C/T)NNNCGGT-3'
AC1	5'-ACGATGGACTCCAGAG-3'

(2) PCR 扩增程序(表 11-2)

3. 电泳

(1) 制胶

①称 0.5 g 琼脂糖,加 50 mL 1× TAE 缓冲液,微波炉加热熔化。注意:小心爆沸。

②胶液冷却至 60℃时,加入 1 μL GelStain(10 000×),小心混匀,缓慢倒入制胶模具中,并在模具一端插入梳子。注意:GelStain(10 000×)的终浓度为 0.2~0.5 μg/mL(通常为每 100 mL 凝胶 2~3 μL 的实验室原液)。

③等待 15~20 min 待胶凝固后,拔出梳子。

(2) 点样　将加有上样缓冲液的 PCR 扩增产物混匀后点样,每孔上样量为 4~6 μL。

表 11-2 PCR 扩增程序

	预扩增			首轮 TAIL-PCR			第二轮 TAIL-PCR	
步骤	温度/℃	时间/min	步骤	温度/℃	时间/min	步骤	温度/℃	时间/min
1	93	2：00	1	94	0：20	1	94	0：20
2	95	1：00	2	65	1：00	2	68	1：00
3	94	0：30	3	72	3：00	3	72	3：00
4	60	1：00	4	回到步骤 1	1 次	4	94	0：20
5	72	3：00	5	94	0：20	5	68	1：00
6	回到步骤 3	10 次	6	68	1：00	6	72	3：00
7	94	0：30	7	72	3：00	7	94	0：20
8	25	2：00	8	94	0：20	8	50	1：00
9	升高至 72	0.5℃/s	9	68	1：00	9	72	3：00
10	72	3：00	10	72	3：00	10	回到步骤 1	6~7 次
11	94	0：20	11	94	0：20	11	72	5：00
12	58	1：00	12	50	1：00	12	结束	—
13	72	3：00	13	72	3：00	—	—	—
14	回到步骤 11	25 次	14	回到步骤 5	13 次	—	—	—
15	72	5：00	15	72	5：00	—	—	—
16	结束	—	16	结束	—	—	—	—

(3) 电泳　在电泳槽中加入适量的 1× TAE 缓冲液，135 V 恒压电泳 20 min，即条带迁移至凝胶约 3/4 处停止电泳。

(4) 电泳条带检测　利用 WD-9413B 凝胶成像分析仪检测电泳条带，并拍摄照片。

六、实验结果与分析

TAIL-PCR 结果显示：在预扩增反应中，引物 LAD1_2 和 LAD1_4 可获得少量 PCR 产物，引物 LAD1_1 和 LAD1_3 未产生明显条带（图 11-1）；经过首轮和第二轮 TAIL-PCR 反应后，引物 LAD1_2 可获得明显的 PCR 产物（图 11-2）。

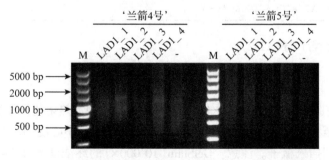

图 11-1 VsAGAMOUS 基因启动子序列 TAIL-PCR 预扩增
M. Marker；-. H₂O 负对照；LAD1_1~ LAD1_4.4 条筒并引物

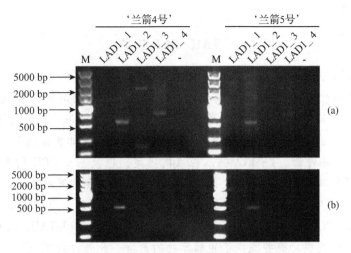

图 11-2　*VsAGAMOUS* 基因启动子序列扩增

(a) 首轮 TAIL-PCR；(b) 二轮 TAIL-PCR

M. Marker；-. H_2O 负对照；LAD1_1～LAD1_4. 4 条简并引物

七、注意事项

(1) 三次循环中增设不同的退火温度，设计特异引物时选择合适的 T_m（一般设为 58～68℃），这样更有利于特定目的片段富集。

(2) 可以延长三次 PCR 循环中的变性时间和延伸时间，变性时间延长有利于 DNA 彻底解链；延伸时间延长，更有利于较长的侧翼序列的获得。

(3) 热不对称 PCR 循环次数可以适当增加，或不对称设置为 3∶1，如在预扩增中设置 5 次高特异反应和 15 次热不对称的大循环。

(4) 简并引物可以做一个混合物，将几个引物组合在一起，在反应时混合物中各个引物依然维持原来的浓度，以提高目标条带扩增的概率。

(5) 简并引物也可以用 RAPD 引物代替。第一轮扩增时需要用特异引物和多组随机引物同时扩增，依扩增效果选择最优 RAPD 引物，再进行第二轮和第三轮扩增。

【参考文献】

陈红运，黄峰，陈青，等，2018. 应用 hiTAIL-PCR 扩增转基因木瓜的侧翼序列[J]. 植物检疫，32(5)：24-27.

张磊，刘志鹏，王彦荣，2011. 箭筈豌豆 *AGAMOUS* 同源基因及其启动子的克隆和分析[J]. 作物学报，37(10)：1735-1742.

LIU Y G, CHEN Y, 2007. High-efficiency thermal asymmetric interlaced PCR for amplification of unknown flanking sequences [J]. Biotechniques, 43(5)：649-656.

LIU Y G, MITSUKAWA N, OOSUMI T, et al, 1995. Efficient isolation and mapping of *Arabidopsis thaliana* T-DNA insert junctions by thermal asymmetric interlaced PCR [J]. The Plant Journal, 8(3)：457-463.

【拓展阅读】

<h3 style="text-align:center">TAIL-PCR 技术</h3>

1995 年，刘耀光院士发明了 TAIL-PCR 技术，该技术利用 2~3 条嵌套特异引物（高 T_m 值）和一个短的（低 T_m 值）任意简并引物，通过变温超级循环特异性地扩增已知序列的未知侧翼序列。因其简单易行、反应高效灵敏、重复性好，并且成本低廉的优势，TAIL-PCR 技术已被广泛应用于分子生物学与功能基因组学领域，如在拟南芥和水稻的大规模 T-DNA 插入突变体库筛选、T-DNA 插入位点的鉴定，以及基于 PCR 的未知序列克隆技术等研究中得到了极其广泛的应用，大大促进了功能基因组学的发展。

2007 年，刘耀光院士在 TAIL-PCR 的基础上，通过修改长任意简并引物和引入抑制 PCR（suppression-PCR）原理，开发了高效热不对称 PCR 方法（hiTAIL-PCR），提高了扩增未知侧翼片段产物的成功率并减少了较短产物的产生。此外，刘耀光院士团队利用经过优化的长任意简并引物 mLADs，在预扩增反应中加入一条单一（非简并）辅助扩增引物（ACO）以提高扩增性能，同时利用一种更高效的 DNA 聚合酶（phanta high-fidelity DNA polymerase），大大提高了扩增效率，获得的目标产物片段大小增加到 2.5~5 kb。

实验 12　草类植物基因编辑载体构建

一、实验目的

学习草类植物基因编辑载体构建的原理和方法。

二、实验原理

基因编辑技术正逐渐成为草类植物基因功能研究和定向分子育种的重要且常规技术。CRISPR-Cas9 基因编辑以其载体构建简单、可编程、可多位点靶向、成本低、效率高等优势成为目前全球使用最广泛的基因编辑方法。CRISPR-Cas9 基因编辑系统主要包含两个组分，内切酶 Cas9 和向导 RNA(single guide RNA, sgRNA)。sgRNA 是一种人工合成的 RNA，其 5′端是引导序列，通常为 17~20 nt，与靶序列互补；引导序列之后是骨架序列(Scaffold)，与 Cas9 蛋白结合。CRISPR-Cas9 基因编辑基本原理是 Cas9 蛋白在 sgRNA 的引导下靶向基因组上的特定位点，并对其进行切割，从而产生双链断裂(DSB)。DSB 主要由细胞内的一种 DNA 修复机制——MMEJ 对其进行修复。由于 MMEJ 修复过程经常出错，从而导致在断裂处有少量碱基的插入和缺失(indel)并引起突变(图 12-1)。由于在不同靶位点基因编辑操作中 Cas9 蛋白是不变的，需要变化的仅仅是 sgRNA，因此构建不同的 CRISPR-Cas9 基因编辑载体只需要改变 guide 序列即可，十分简便。

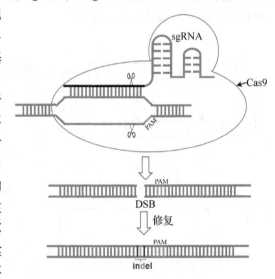

图 12-1　CRISPR-Cas9 基因编辑原理

三、实验仪器和耗材

1. 实验仪器

离心机、PCR 仪、灭菌锅、微波炉、金属浴、恒温培养箱、摇床、水平电泳槽、电泳仪、凝胶成像系统、NanoDrop 分光光度计、移液枪。

2. 实验耗材

离心管(1.5 mL)、玻璃试管、PCR 管(0.2 mL)、枪头、乳胶手套、玻璃珠等。

四、实验材料和试剂

1. 实验材料

大肠杆菌 DH5α、1300-Cas9 载体。

2. 实验试剂

(1) 质粒提取试剂　质粒小量提取试剂盒。
(2) 酶切试剂　Bsa I-HF® v2、10× rCutSmart™ 缓冲液、超纯水。
(3) 退火试剂　1× TE 缓冲液。
(4) 连接试剂　T4 DNA Ligase、10× T4 DNA Ligase 缓冲液、超纯水。
(5) PCR 试剂　引物、超纯水、2× Taq Master Mix 等。
(6) 电泳试剂　琼脂糖、1× TAE 缓冲液、溴化乙锭(EB)。

五、实验步骤与方法

本实验总体的步骤如图 12-2 所示。将针对靶位点的引导序列与经过 Bsa I 酶切的 1300-Cas9 质粒连接获得目的载体。

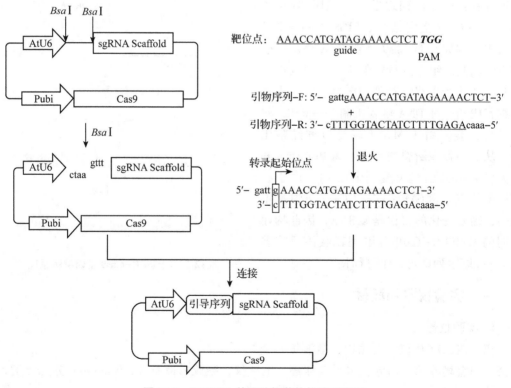

图 12-2　CRISPR 基因编辑载体构建流程图

1. 1300-Cas9 质粒提取

参照实验 7 大肠杆菌质粒提取及鉴定。

2. 1300-Cas9 质粒酶切

(1) 设置一个 50 μL 的反应体系(如下所示),利用 BsaI-HF® v2 对 1300-Cas9 质粒进

行酶切。

10× rCutSmart™ 缓冲液	5 μL
1300-Cas9	2 μg
*Bsa*I-HF® v2	2 μL
超纯水	至 50 μL

(2) 37℃反应 1.5 h。
(3) 利用 DNA 回收试剂盒对酶切产物进行纯化，使用 30 μL TE 进行洗脱。
(4) 利用 NanoDrop 分光光度计对纯化的 DNA 进行浓度测定。

3. 准备靶向感兴趣位点的引导序列

(1) 选取 PAM(NGG) 上游的 20 nt 序列作为引导序列，目前为植物基因组设计的引导序列设计网站有 CRISPR-P(http://crispr.hzau.edu.cn/CRISPR2/)、CHOPCHOP(https://chopchop.cbu.uib.no/)、CRISPOR(http://crispor.tefor.net/) 和 RGEN-Cas designer(http://www.rgenome.net/cas-designer/) 等。对于敲除蛋白编码基因，推荐在目标基因的第一个外显子靠近起始密码子的位置或者编码重要结构域的区域选择引导序列。

(2) 设计两条序列互补的引物，其中 20 nt 为引导序列用于产生双链 DNA，紧邻引导序列的上游需加一个 g(反向引物加一个 c)以作为 U6 的转录起始位点，正向引物(F)带有 5'-gatt-3'接头，反向引物(R)带有 5'-aaac-3'。

(3) 退火形成引导序列双链 DNA。按照下面的体系混合引物，在 PCR 仪中 95℃保温 5 min，然后取出在室温放置 30 min。

1× TE 缓冲液	16 μL
引导序列-F (10 μmol/L)	2 μL
引导序列-R (10 μmol/L)	2 μL

4. 连接

(1) 设置一个 10 μL 的反应体系(如下所示)，利用 T4 DNA 连接酶将引导序列双链 DNA 定向插入 1300-Cas9 的 *Bsa*I 位点。

10× T4 DNA 连接酶缓冲液	1 μL
1300-Cas9-*Bsa* I	100 ng
引导序列双链 DNA	1 μL
T4 DNA 连接酶	1 μL
超纯水	至 10 μL

(2) 16℃反应 4 h。

5. 转化大肠杆菌

取 5 μL 连接产物转化 50 μL 大肠杆菌 DH5α 感受态(具体方法参见实验 7 PCR 产物的回收与 DNA 重组)。转化后加入 1 mL LB 液体培养基于 37℃孵育 1 h，然后 7000 r/min 离心 1 min，倒掉部分上清，保留约 100 μL 上清，用无菌枪头将菌液吹打成悬浮液，最后用无菌玻璃珠(10~15 颗)将菌液均匀涂布于含有 50 μg/mL 的 LB 固体培养基上。37℃倒置培养 16 h。

6. 菌落 PCR 筛选阳性菌落

(1)使用无菌的枪头或牙签从培养基上随机选取 8~16 个单菌落，在一块新的含有 50 μg/mL 的 LB 固体培养基上划线，并对菌落进行编号(图 12-3)，然后放置于 37℃培养 12 h。

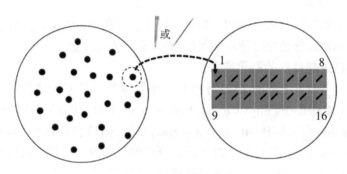

图 12-3 菌落划线

(2)用无菌的枪头或牙签蘸取划线培养基上菌落，转移到 PCR 管底部作为模板，同时设置无菌的对照管(CK)。按照下面的体系配制 PCR 反应混合液。

2× *Taq* Master Mix	5 μL
U6-F (10 μmol/L)	0.2 μL
引导序列-R (10 μmol/L)	0.2 μL
超纯水	至 10 μL

U6-F 序列为：5′-CGATTAAGTTGGGTAACGCCA-3′。

(3)采用下面的 PCR 反应条件在 PCR 仪中进行反应。

步骤 1	94℃，5 min
步骤 2	94℃，30 s
步骤 3	58℃，30 s
步骤 4	72℃，30 s
步骤 2~步骤 4 运行 35 个循环	
步骤 5	72℃，5 min

(4)对 10 μL PCR 产物进行琼脂糖凝胶电泳检测(具体方法参见实验 2 琼脂糖凝胶电泳检测 DNA)，并用凝胶成像系统进行检测，正确的条带大小为 300 bp。

7. 通过 Sanger 测序质粒以验证插入序列

(1)选取 PCR 正确的菌落，接种到含有 50 μg/mL 的 LB 液体培养基中于 37℃过夜培养。

(2) 提取质粒(具体方法参照实验 7 大肠杆菌质粒提取及鉴定)。

(3) 利用 U6-F 引物进行 Sanger 测序。

(4) 对测序结果进行分析,确定插入的引导序列是否正确。

六、实验结果与分析

首先观察测序结果的峰图(.ab1 格式文件)质量是否合格:峰图不能有套峰[图 12-4(a)]。然后对测序结果通过软件(如 vector NTI)进行比对[图 12-4(b)],并利用软件(如 SnapGene viewer)进行注释[图 12-4(c)],确定引导的序列与预期完全一致。

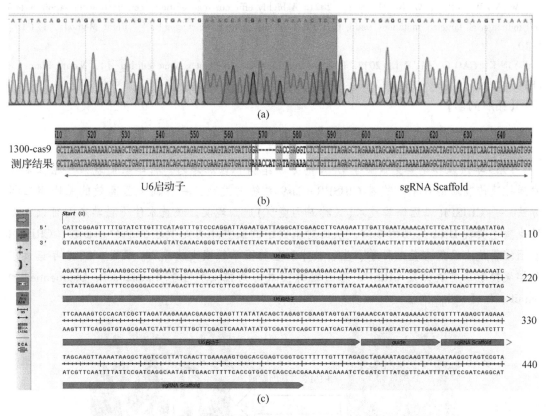

图 12-4 基因编辑载体测序结果分析

(a)测序峰图;(b)序列比对(与骨架载体序列的差异由插入引导序列造成);(c)序列注释

七、注意事项

(1) 载体选择,一般来说,单子叶植物 Cas9 基因编辑载体中 Cas9 的启动子选择玉米 Ubiquitin 启动子,sgRNA 选择水稻 U6 或者 U3 启动子驱动(也可以使用物种自身的 U6/U3 启动子);双子叶植物 Cas9 基因编辑载体中 Cas9 的启动子选择 35S 启动子或者拟南芥 Ubiquitin 启动子,sgRNA 选择拟南芥 U6 或者 U3 启动子驱动(也可以使用物种自身的 U6/U3 启动子)。尤其注意:U3 启动子以 A 为转录起始位点,U6 启动子以 G 为转录起始位点。

(2) 为了保证基因编辑的成功,每个基因最好选择三个及以上位点(sgRNA)进行载体构建,并分别对其植物体内的编辑效率进行评估。

(3) sgRNA 中不能有连续 4 个以上的 T,防止 sgRNA 的转录提前终止。

(4) 注意 sgRNA 的脱靶效应(对于有基因组的物种,可通过生物信息预测,或使用 CRISPR-P 等网站预测)。

【参考文献】

MAO Y, ZHANG Z, FENG Z, et al, 2016. Development of germ-lines-pecific CRISPR-Cas9 systems to improve the production of heritable gene modifications in *Arabidopsis*[J]. Plant Biotechnology Journal, 14(2): 519-532.

WANG W, LIU J, WANG H, et al, 2021. A highly efficient regeneration, genetic transformation system and induction of targeted mutations using CRISPR/Cas9 in *Lycium ruthenicum*[J]. Plant Methods, 17(1): 1-10.

YIN K, GAO C, QIU J L, 2017. Progress and prospects in plant genome editing[J]. Nature Plants, 3(8): 1-6.

【拓展阅读】

CRISPR 基因编辑技术

1953 年沃森和克里克报道了 DNA 的分子结构。自那时起,科学家们就一直在探索开发操控遗传物质的技术。随着 CRISPR-Cas9 系统的发现,一种简便且高效的基因组工程方法——CRISPR 基因编辑技术(又称基因魔剪)成为现实。该技术使得科学家们可以在多种生物中实现 DNA 序列的修饰,从而对基因组的操控不再是实验的瓶颈。目前,CRISPR 基因编辑技术已经在基础科学、生物技术和生物医学领域大放异彩。因此,2020 年诺贝尔化学奖授予了首次开发 CRISPR 基因编辑技术的两位女科学家 Emmanuelle Charpentier 和 Jennifer A. Doudna。

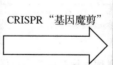
CRISPR "基因魔剪"

实验 13 禾草类植物幼穗培养

一、实验目的

学习草类植物组织培养及再生的原理和方法,为草类植物转基因研究奠定基础。

二、实验原理

植物的再生体系是指植物体的离体部分在适宜条件下,利用细胞全能性再生为完整植株的技术流程。目前,草类植物再生主要是经由愈伤组织诱导,继代培养,然后经分化和生根培养形成完整的再生植株。

组织培养是指在无菌条件下利用人工培养基对植物组织进行培养,是生物工程研究的基础,是进行遗传转化和植物改良研究的基本环节。建立组织培养再生体系是遗传转化的前提,只有良好的再生体系才可以提高转基因的效率。

本实验以老芒麦幼穗为外植体进行组织培养,诱导出愈伤组织并对生长良好的胚性愈伤进行分化,最终获得再生植株,为后续的转基因研究奠定基础。

三、实验仪器和耗材

1. 实验仪器

超净工作台、高压灭菌锅、人工智能气候箱、超纯水系统、接种器械灭菌器、pH 计、移液枪。

2. 实验耗材

不锈钢镊子、手术刀和剪刀、枪头、滤纸(直径 7 cm、12.5 cm)、一次性培养皿(90 mm×1.5 mm、90 mm×2 mm)、封口膜、3M 透气纸胶带和灭菌指示胶带。

四、实验材料和试剂

1. 实验材料

外植体材料:老芒麦的雌雄蕊处于分化期、长度为 3.0~10 cm 的幼穗。

2. 实验试剂及培养基

(1)愈伤诱导培养基 在最初的愈伤诱导阶段,所用基本培养基为 MS(表 13-1),在该培养基中加入 2.5 mg/L 2,4-二氯苯氧基乙酸(2,4-D)、30 g/L 蔗糖,随后将 pH 值调至 5.8。加入 7.0 g/L 琼脂,121℃高压灭菌 20 min。其中,2,4-D 用 1.0 mol/L NaOH 助溶后,加灭菌超纯水配成 1.0 mg/mL 的母液,4℃避光保存备用。

(2)愈伤组织分化培养基 在愈伤诱导分化阶段,MS 为基本培养基,在该培养基中加入 1.0 mg/L 激动素(KT)、1.0 mg/L 6-苄氨基嘌呤(6-BA)、30 g/L 蔗糖,随后将 pH 值调至 5.8。加入 7.0 g/L 琼脂,121℃高压灭菌 20 min。其中,6-BA 用 1.0 mol/L 盐酸助溶后，加灭菌超纯水配成 1.0 mg/mL 的母液，4℃避光保存备用。

（3）生根成苗培养基　当分化出的芽长至 5~6 cm 时，将其转移到不含激素的 1/2 MS 培养基中生根成苗。

三种培养基配方见表 13-2 所列。

表 13-1　MS 培养基配方　　　　　　　　　　　　　　　　　　mg/L

组成	MS	组成	MS
NH_4NO_3	1650	$CuSO_4 \cdot 5H_2O$	0.025
KNO_3	1900	$CuCl_2 \cdot 6H_2O$	0.025
KH_2PO_4	170	Na_2EDTA	37.3
$MgSO_4 \cdot 7H_2O$	370	$FeSO_4 \cdot 7H_2O$	27.8
$CaCl_2 \cdot 2H_2O$	440	肌醇	100
KI	0.83	盐酸硫胺素	0.1
H_3BO_3	6.2	盐酸吡哆辛	0.5
$MnSO_4 \cdot 4H_2O$	22.3	烟酸	0.5
$ZnSO_4 \cdot 7H_2O$	8.6	甘氨酸	2
$Na_2MoO_4 \cdot 2H_2O$	0.25	蔗糖	30 000

表 13-2　老芒麦再生体系的培养基配方

名称	配方
愈伤诱导培养基	MS+2.5 mg/L 2,4-D+30 g/L 蔗糖+7.0 g/L 琼脂
愈伤组织分化培养基	MS+1.0 mg/L KT+1.0 mg/L 6-BA+30 g/L 蔗糖+7.0 g/L 琼脂
生根成苗培养基	2.22 g/L MS+10 g/L 蔗糖+7.0 g/L 琼脂

五、实验步骤与方法

1. 外植体的消毒

取处于雌雄蕊分化期、长度为 3.0~10 cm 的老芒麦幼穗，剪取老芒麦的植株上半部，去掉外层的叶片后在无菌条件下用棉球蘸取 75% 乙醇擦拭其茎秆和叶鞘，用消过毒的镊子小心剥取幼穗，将其切成 2~3 mm 的小段接种于愈伤诱导培养基上，暗培养 1 周，再进行光照培养，光周期为 16 h，温度为 25℃ ± 1℃。

2. 愈伤组织诱导

在将外植体接种于愈伤诱导培养基上，每皿接种 10 个幼穗小段，放入培养室暗培养 4~5 d 后，随后放入正常光照下培养。培养室温度为 24~26℃，光照时间每天 16 h，黑暗时间每天 8 h，每两周继代一次，培养时间为 1~2 个月。

将诱导的愈伤组织接种于继代培养基中进行培养，培养室温度为 24~26℃，光照时间每天 16 h，黑暗时间每天 8 h，每两周继代一次，培养天数为 20~30 d。

3. 愈伤组织分化

将步骤 2 中的老芒麦愈伤组织转移至分化培养基中培养，培养室温度为 24~26℃，光照时间每天 16 h,黑暗时间每天 8 h。每两周继代一次,再继续培养 2~3 周。

4. 成苗

待步骤 3 中的老芒麦愈伤组织长出 5~6 cm 的绿芽时,将其转移至生根成苗培养基 1/2 MS 上进行培养,培养室温度为 24~26℃,光照时间每天 16 h,黑暗时间每天 8 h。每两周继代一次,直至长出健壮的幼苗。

5. 炼苗移栽

待步骤 4 中有 5 条以上健壮根长出,将三角瓶上的封口膜去掉,同时加入 5 mL 超纯水,炼苗 3 d,然后将小植株从三角瓶中取出,洗净根部的培养基,最后移栽于混有草炭土和蛭石比例为 1∶1 的花盆中,最初 3 d 给幼苗遮上塑料薄膜以保持湿度。

六、实验结果与分析

本实验选用处于雌雄蕊分化时期、长度为 3.0~10 cm 的幼穗为外植体,进行离体组织再生培养(图 13-1)。通过愈伤组织继代培养基中激素 2,4-D 的浓度至 2.5 mg/L,以提高愈伤组织的质量和胚性细胞的发生率。本实验利用老芒麦幼穗为外植体进行离体培养,获得再生植株的方法体系,为老芒麦遗传转化和性状改良提供研究平台和方法。

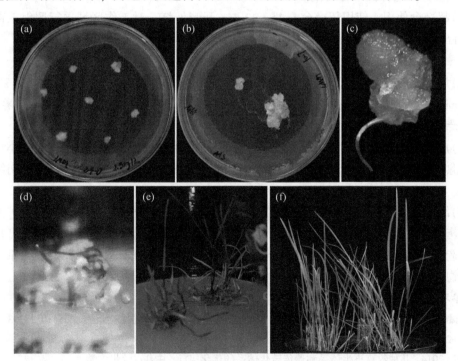

图 13-1 老芒麦再生体系不同阶段图示

(a)在愈伤组织诱导培养基中,培养 10 d 的幼穗愈伤组织的生长情况;(b)和(c) 培养 50 d 左右的愈伤组织分化绿芽和其放大照片;(d)外植体经 2~3 个月培养后,移至生根培养基上;(e)生根的幼苗;(f)移栽至花盆中的再生植株

1. 2,4-D 对老芒麦幼穗诱导愈伤组织的影响

2,4-D 是植物愈伤组织诱导过程中的必要激素。在 MS 基本培养基上附加一定浓度的 2,4-D 暗培养 4~5 d 后,发现老芒麦的幼穗切段均开始膨大并且伸长,在 10~15 d 时,幼

穗切段基部有明显的愈伤组织生成。一个月后观察发现,老芒麦幼穗外植体在 2,4-D 为 2.5 mg/L 的 MS 培养基中生长状态良好,愈伤组织多呈淡黄色、结构致密,说明愈伤已进入胚性可分化状态。

2. 激素配比对老芒麦幼穗诱导愈伤分化的影响

激素 6-BA 可以促进细胞分裂,对于诱导愈伤组织分化的作用较大,而生长素类物质则有抑制作用。KT 与 6-BA 结合诱导愈伤组织分化的效果较好,老芒麦愈伤组织的体胚诱导分化出绿芽。

3. 1/2 MS 培养基对老芒麦生根成苗的影响

该阶段采用不添加任何激素的 1/2 MS 培养基进行再生苗的培养。实验中会出现白化苗或玻璃化苗,最终只选取健壮的再生植株幼苗进行再生植株统计。

七、注意事项

(1)外植体的选择　以幼穗为外植体的优点是取材方便、污染率低,而且其组织内激素浓度相对较高,利于愈伤组织的形成和分化,但是该实验材料严格受到季节和时间的控制,需把握好外植体的取样时间。

(2)超净台使用　使用超净台前 15~20 min 开紫外灯,对工作区域进行照射杀菌;进入超净台前用 75% 乙醇擦洗双手和实验用品;工作完毕后,及时停止风机运行,关闭照明灯。

(3)培养基的真菌污染　当只有部分污染、未出现黑色真菌孢子时,紫外杀菌 20 min,通风 5 min,关闭通风,打开盖子,盖上酒精棉,将未污染的愈伤组织转至新培养基上;当污染严重,出现黑色真菌孢子直接扔掉。

(4)愈伤继代培养方法　在继代培养时,将愈伤组织用镊子轻压成 0.5 cm 的小块,转移后使愈伤组织聚拢在一起,充分吸收营养,此后转愈伤组织都轻移,将褐化愈伤组织轻轻剥掉。

(5)继代培养时间的影响　继代的目的是使愈伤组织迅速增殖,生物量快速扩大,并促使愈伤向胚性细胞状态转变。因此,继代时间以不超过半个月为宜;如果继代时间较长,会造成愈伤全能性的丧失,并且分化率和绿苗率都会下降,造成这种结果的原因不外乎是植物愈伤组织遗传和生理方面的改变。

【参考文献】

刘志鹏,王宇,马利超,等,2015. 老芒麦幼穗离体培养再生植株的方法:201410528793.4[P]. 2015-01-28.

王宇,2014. 几种牧草再生体系和遗传转化体系的优化[D]. 甘肃:兰州大学.

蔡能,易自力,陈智勇,等,2007. 多年生黑麦草高频再生体系的建立及优化[J]. 中国草地学报,29(4):45-49.

于娜,董宽虎,2010. 白羊草真叶愈伤组织诱导和植株再生[J]. 山西农业大学学报(自然科学版),30(1):61-64.

高俊山,叶兴国,马传喜,等,2003. 不同组织培养途径对小麦再生能力的研究[J]. 激光生物学报,12(6):406-411.

赵智燕,潘俊松,何亚丽,等,2009. 两个高羊茅无性系的营养器官组织培养及再生体系的建立[J].

草业学报,18(5):168-175.

张艺,李达旭,张杰,等,2008.披碱草组织培养体系的建立[J].四川大学学报(自然科学版),45(1):205-208.

ZHONG H, SRINIVASAN C, STICKIEN M B, 1991. Plant regeneration via somatic embryogenesis in creeping bentgrass (*Agrostis palustris* Huds.)[J]. Plant Cell Reports, 10(9): 453-456.

BAI Y, QU R, 2001. Factor influencing tissue culture responses of mature seeds and immature embryos turf-type tall fescue[J]. Plant Breeding, 120(3): 239-242.

【拓展阅读】

脱毒组培快繁技术

植物脱毒技术是利用高温处理、茎尖组织培养,也有人通过抗病毒药剂、愈伤组织、花丝组培等方法,脱除植物所感染的病毒,在超净无菌的条件下培养不带病菌的植株,进行营养繁殖。生活中,一些农作物(马铃薯、红薯、百合、草莓和葡萄等)经过长时间的种植往往会携带病毒,植物脱毒技术具有恢复原品种特征特性,通过脱毒苗进行繁殖,作物就不会发生病毒,以达到优质、高效和低成本的目的。植物脱毒和快速繁殖技术的应用,为观赏植物、园艺作物、经济林、无性繁殖作物等提供苗木,并形成产业化。

实验 14　农杆菌介导的苜蓿叶片遗传转化及转基因植株的鉴定

一、实验目的

学习草类植物遗传转化的原理和方法，掌握农杆菌介导的苜蓿叶盘转化法的操作流程。

二、实验原理

植物的遗传转化是将外源基因导入植物并使其稳定表达的过程。将外源基因导入植物体的方法很多，主要有以表达载体为基础的农杆菌转化法、基因枪法、PEG（聚乙二醇）介导法、电击法、显微注射法等。农杆菌转化法就是利用根癌农杆菌转化系统将外源优良的目的基因整合到植物的基因组中，并使其得以表达，从而获得具有新的遗传性状的植物。农杆菌作为自然中存在的天然的基因转化工具，具有操作方便、价格低廉、可插入外源基因片段大、不易发生重排、拷贝数低等优点，是双子叶植物最理想的转化方法。

农杆菌转化法主要包括根癌农杆菌转化系统和发根农杆菌转化系统。本章以紫花苜蓿为实验材料，主要介绍根癌农杆菌介导的紫花苜蓿转化体系。根癌农杆菌常用菌株有 EHA105 和 GV3101 等，该转化体系具有转化机制清楚、拷贝数低、遗传稳定等诸多优点，已得到广泛应用。

三、实验仪器和耗材

1. 实验仪器

高压灭菌锅、4℃离心机、紫外分光光度计、磁力搅拌器、超声波清洗仪（40 kHz）、真空泵、超净工作台、接种器械灭菌器、PCR 仪、qPCR 仪、移液枪。

2. 实验耗材

电磁转头、干燥瓶、灭菌组培瓶（250 mL）、不锈钢镊子、手术刀和剪刀、容量瓶（250 μL、500 μL、1000 μL）、量筒、烧杯、枪头（10 μL、200 μL、1000 μL）、滤纸（直径 7 cm、12.5 cm）、离心管（1.5 mL、15 mL、50 mL）、一次性培养皿（90 mm × 1.5 mm、90 mm × 2 mm）、封口膜、3M 透气纸胶带和灭菌指示胶带。

四、实验材料和试剂

1. 实验材料

（1）植物材料　紫花苜蓿 SY4D 种质健康、深绿、完整的健康幼嫩三叶。

（2）菌株和载体　根癌农杆菌菌株为 EHA105，抗性为利福平（Rif）。表达载体为 pEarleyGate100 双元载体，载体在菌株内抗性为 Kan，在植物内抗性为草铵膦（PPT）。

2. 实验试剂

紫花苜蓿遗传转化的试剂配方见表14-1所列。

表14-1　紫花苜蓿遗传转化的试剂配方

类别	名称	配方
抗生素	利福平(Rif，50 mg/mL)	1.25 g Rif 粉末，溶入 25 mL 二甲基亚砜(DMSO)中，有机滤头过滤除菌，-20℃保存
	卡那霉素(Kan，50 mg/mL)	1.25 g Kan 粉末，溶入 25 mL 无菌超纯水中，水相滤头过滤除菌，-20℃保存
激素	2,4-二氯苯氧基乙酸(2,4-D，1.0 mg/mL)	称取 0.05 g 粉末，8 mL 1.0 mol/L KOH 助溶后(50℃热水温浴)，50 mL 无菌超纯水定容，4℃避光保存
	6-苄氨基嘌呤(6-BA，1.0 mg/mL)	
	激动素(KT，1.0 mg/mL)	
	吲哚丁酸或萘乙酸(IBA 或 NAA，1.0 mg/mL)	
	头孢霉素(Cef，200 mg/mL)	称取 5 g 粉末，25 mL 无菌超纯水定容，水相滤头过滤除菌，-20℃保存
	替卡西林二钠(Tim，200 mg/mL)	称取 3.2 g 粉末，16 mL 无菌超纯水定容，水相滤头过滤除菌，-20℃保存
	草铵膦(PPT，5 mg/mL)	称取 250 mg 粉末，50 mL 无菌超纯水定容，水相滤头过滤除菌，-20℃保存
培养基原料	N6 大量元素(20×)	KNO_3：56.60 g； $(NH_4)_2SO_4$：9.26 g； KH_2PO_4：8.00 g； $MgSO_4 \cdot 7H_2O$：3.70 g(溶解完全)； $CaCl_2 \cdot 2H_2O$：3.32 g； 超纯水：定容至 1 L； 高温灭菌，保存在4℃
	SH 微量(1000×)	$MnSO_4 \cdot H_2O$：1000 mg； H_3BO_3：500 mg； $ZnSO_4 \cdot 7H_2O$：100 mg； KI：100 mg； $CuSO_4 \cdot 5H_2O$：20 mg； $Na_2MoO_4 \cdot 2H_2O$：10 mg； $CoCl_2 \cdot 6H_2O$：10 mg； 超纯水：定容至 100 mL； 过滤灭菌，保存在4℃

(续)

类别	名称	配方
培养基原料	SH Vit(1000×)	烟酸(nicotinic acid):500 mg; 盐酸硫胺素(thiamine HCl)维生素:500 mg; 盐酸吡哆辛(pyridoxine HCl)维生素:500 mg; 超纯水:定容至 100 mL; 过滤灭菌,保存在 4℃
	Fe 盐(200×)	$FeSO_4 \cdot 7H_2O$:2780 mg; $Na_2 \cdot EDTA$:3730 mg; 超纯水:定容至 500 mL; 分别溶解,再混匀,保存在 4℃
培养基	LB 液体培养基	称取 5 g 酵母提取物,10 g 蛋白胨,10 g NaCl,定容至 1 L;121℃高压灭菌 15 min,4℃保存
	LB 固体培养基	称取 5 g 酵母提取物,10 g 蛋白胨,10 g NaCl,定容至 1 L,加入 15 g 琼脂;121℃高压灭菌 15 min,4℃保存
	SM4 液体培养基	称取 4.43 g MS 粉末,溶入 800 mL 超纯水中,依次添加 30 g 蔗糖,4 mL 2,4-D、0.2 mL 6-BAP,定容至 1 L;调节 pH 值至 5.8;121℃高压灭菌 15 min,4℃保存
	SM4 共培养培养基	取 4.43 g MS 粉末,溶入 800 mL 超纯水中,依次添加 30 g 蔗糖,4 mL 2,4-D、0.2 mL 6-BAP,定容至 1 L;调节 pH 值至 5.8,加入 3.5 g 植物凝胶;121℃高压灭菌 15min,冷却至 50℃,25mL 每等份倒培养基
	SM4 选择培养基	称取 4.43 g MS 粉末,溶入 800 mL 超纯水中,添加 30 g 蔗糖,4 mL 2,4-D、0.2 mL 6-BAP,定容至 1 L;调节 pH 值至 5.8,加入 3.5 g 植物凝胶;121℃高压灭菌 15 min,冷却至 50℃,添加 1 mL 头孢霉素,1 mL 替卡西林二钠和 400 μL 草铵膦;25 mL 每等份倒培养基
	SH3a 培养基	量取 50 mL N6,1 mLSH Vit,1 mL SH 微量和 5 mL 铁盐,溶入 800 mL 超纯水中,并添加 0.1 g 肌醇,30 g 蔗糖,4 mL 2,4-D、0.5 mL 6-BAP,定容至 1 L;调节 pH 值至 5.8,加入 3.5 g 植物凝胶;121℃高压灭菌 15 min,冷却至 50℃,添加 1 mL 头孢霉素,1 mL 替卡西林二钠和 400 μL 草铵膦;25 mL 每等份倒培养基
	MSBK 培养基	称取 4.43 g MS 粉末,溶入 800 mL 超纯水中,添加 30 g 蔗糖,1 mL 激动素,0.5 mL 6-BAP,定容至 1 L;调 pH 值至 5.8,并添加 3.5 g 植物凝胶;121℃高压灭菌 15 min,冷却至 50℃,添加 1 mL 头孢霉素,1 mL 替卡西林二钠和 200 μL 草铵膦;25 mL 每等份倒培养基
	1/2 SH9 培养基	量取 25 mL N6,0.5 mL SH Vit,0.5 mL SH 微量和 2.5 mL 铁盐,溶入 800 mL 超纯水中,并添加 0.05 g 肌醇,10 g 蔗糖,定容至 1 L;调节 pH 值至 5.8,添加 7.0 g 琼脂;121℃高压灭菌 15 min,冷却至 50℃,添加 1 mL 头孢霉素/替卡西林二钠,200 μL 草铵膦;25 mL 每等份倒培养基
	MS0 培养基	称取 2.22 g MS 粉末,溶入 800 mL 超纯水中,添加 8 g 蔗糖,0.3 mL IBA 或 NAA(可以不添加),定容至 1 L;调节 pH 值至 5.8,并添加 7.0 g 琼脂;121℃高压灭菌 15 min,冷却至 50℃,添加 1 mL 头孢霉素/替卡西林二钠,200 μL 草铵膦;50 mL 每等份倒组培瓶

五、实验步骤与方法

1. 根癌农杆菌的准备

（1）活化　从-80℃冰箱取出含目的基因的EHA105农杆菌菌液，在超净工作台下用接种环蘸取农杆菌菌液，并在含有75 mg/L Rif和Kan的LB固体培养基上涂板，涂板后在28℃下黑暗倒置培养2 d。

（2）摇菌　挑取1个单菌落，接种于装有10~20 mL液体培养基的50 mL离心管中，220 r/min，28℃培养至菌液浓度OD_{600}达到0.6~0.8，约需20 h。

2. 叶片消毒

（1）清洗　采集紫花苜蓿健康、完整、呈现深绿色的完全展开的幼嫩三叶，部位为枝条由上至下第2~4片，4℃黑暗过夜。侵染前，用超纯水清洗叶片3次，分别持续2 min、1 min和1 min，第一次清洗时使用0.1%吐温。

（2）消毒　在超净工作台下，将叶片放入无菌组培瓶，用75%乙醇漂洗15 s，立即倒掉乙醇，加入30%漂白水并用封口膜密封。室温环境下（18~25℃）在摇床上以110 r/min漂洗8~10 min。在超净工作台内，倒掉漂白水，用无菌超纯水清洗至少3次，每次1~2 min。

3. 根癌农杆菌侵染

（1）离心　室温条件下，根癌农杆菌菌液在4℃条件下4500 r/min离心10 min。

（2）重悬　倒掉上清液，用SM4液体培养基重悬沉淀，用1 mL移液枪轻轻吸打混匀，调整OD_{600}至0.2~0.4，作为外植体侵染液。

（3）侵染

①将消毒后的叶片移入新的无菌组培瓶中，加入200 mL侵染液。

②放入聚碳酸酯干燥器中，抽真空10 min。

③转移到超声波清洗器中，用冰块调节水温，在15℃下清洗3~5 min。

④再次转到聚碳酸酯干燥器，抽真空10 min（图14-1）。

图14-1　紫花苜蓿叶片侵染步骤

（4）干燥　倒掉菌液，将侵染的叶片转移到无菌滤纸上，在超净工作台上通风干燥30 min（图14-2）。

图 14-2　紫花苜蓿侵染后叶片干燥

(5)共培养　干燥后转移到 SM4 共培养基上(图 14-3),在 24℃下暗培养 2~3 d,以叶片边缘出现的菌落为标准,但不能过度生长。

图 14-3　SM4 共培养基培养

4. 筛选和植株再生

(1)抗性筛选　共培养 2~3 d 后,用手术刀将叶片切成 0.5 cm 的碎片,转移到 SM4 选择或 SH3a 选择培养基上,在 24℃暗培养,2 周继代一次,培养 4 周。

(2)芽分化　抗性愈伤组织移至 MSBK 培养基上,在光照 16 h[60 μmol/(m²·s)]/黑暗 8 h、24℃条件下培养不超过 4 周,2 周继代一次。

(3)成苗　将长分化芽的胚性愈伤转移到 SH9 培养基上,在光照 16 h[60 μmol/(m²·s)]/黑暗 8 h、24℃条件下培养 8~12 周,4 周继代一次。

(4)生根　生根苗移入含 MS0 培养基的塑料组培瓶中,在光照 16 h[60 μmol/(m²·s)]/黑暗 8 h、24℃条件下培养 6~8 周。组培苗在长出健壮的根后移栽。

(5)移栽　待组培苗生长健壮,打开组培瓶瓶盖,组培瓶中加入少量超纯水,接着在培养间继续练苗 2~3 d,然后移栽至混合介质(草炭土∶蛭石∶珍珠岩=3∶1∶1)中培养(图 14-4)。

5. 转基因紫花苜蓿鉴定

(1)PCR 检测　提取转基因紫花苜蓿的 DNA 作为模板,使用目的基因的引物进行 PCR 扩增,反应体系与扩增程序见表 14-2 所列。如果 PCR 产物出现预期大小的目的条带,即转基因苜蓿为阳性单株。

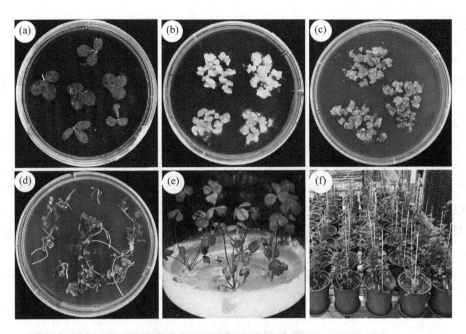

图 14-4　紫花苜蓿筛选和植株再生
(a)共培养；(b)抗性筛选；(c)芽分化；(d)成苗；(e)生根；(f)移栽

表 14-2　PCR 反应体系和扩增程序

PCR 反应体系	体积/μL	扩增程序
2× Eco Taq PCR SuperMix	5	
上游引物	0.5	
下游引物	0.5	94℃预变性 4 min；94℃变性 30 s；57℃退火 30 s；72℃延伸 40 s；变性、退火、延伸步骤循环 35 次；72℃延伸 7 min；4℃保存
超纯水	3	
DNA	1	

(2) qPCR 检测　使用 FastQuant RT 试剂盒(包含 gDNase)，将转基因阳性苗中 1 μg 的总 RNA 反转录成 cDNA，使用 2× SG Fast qPCR Master Mix 在 7500 Fast Real-time PCR 系统上进行 qPCR。反应体系和扩增程序见表 14-3 所列。

表 14-3　qPCR 反应体系和扩增程序

qPCR 反应体系	体积/μL	扩增程序
2× SG Fast qPCR Master Mix	10	
上游引物	0.5	
下游引物	0.5	95℃预变性 10 min；95℃变性 15 s；60℃退火 1 min；变性、退火步骤循环 40 次
DNF 缓冲液	2	
超纯水	5	
cDNA	2	

六、实验结果与分析

1. 转基因紫花苜蓿苗的产生

如图 14-4(e)所示,在抗性培养基上筛选 6 个月后,获得转基因紫花苜蓿再生独立株系。

2. 转基因紫花苜蓿 PCR 检测

参照实验步骤与方法中 PCR 检测的反应体系和扩增程序,检测转基因紫花苜蓿中的目的基因片段。以 *Ms17* 基因为例,使用表达载体启动子的上游引物与目的基因的下游引物(35sF 和 Ms17R,检测 *Ms17* 基因),以及 Bar 引物对(Bar-F 和 Bar-R,检测 *PPT* 基因)进行 PCR 扩增,检测阳性植株。如图 14-5 所示,使用 35sF 和 Ms17R 引物对对 *Ms17* 基因进行扩增后,除样品 21 和负对照未扩增出目的条带以外,其余样品的条带大小与 *Ms17* 基因大小一致,均为 350 bp。使用 Bar-F 和 Bar-R 引物对对目的基因进行扩增后,除样品 3、样品 20 和负对照未扩增出目的条带以外,其余样品均扩增出与目的基因大小一致的条带。

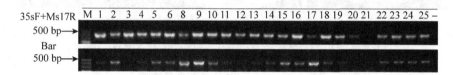

图 14-5 转基因紫花苜蓿 PCR 检测结果

3. 转基因紫花苜蓿 qPCR 鉴定

参照实验步骤与方法中 qPCR 检测的反应体系和扩增程序,使用目的基因部分片段引物对,进行转基因紫花苜蓿的 qPCR 分析,鉴定阳性转基因紫花苜蓿不同株系的目的基因表达量。结果如图 14-6 所示,该基因在样品 9 和样品 18 中表达量最高,在样品 21 中表达量最低。

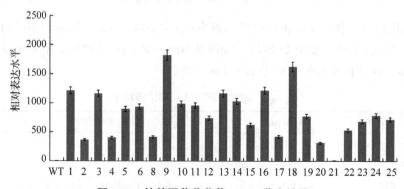

图 14-6 转基因紫花苜蓿 qPCR 鉴定结果

七、注意事项

(1)若组织培养阶段出现真菌污染,当只有部分污染、未出现黑色真菌孢子时,紫外杀菌 20 min,通风 5 min,关闭通风,打开盖子,盖上酒精棉,将未污染的愈伤转至新培养基上；当污染严重，出现黑色真菌孢子直接扔掉。

（2）若组织培养阶段出现农杆菌污染，若只是个别外植体有菌斑，污染不严重，可使用无菌药匙挖掉；若污染严重，就直接扔掉。

（3）愈伤从 SM4 选择培养基转移至 MSBK 培养基时，将愈伤用镊子轻压成 0.5 cm 的小块，转移后使愈伤聚拢在一起，充分吸收营养，此后转愈伤都轻移，将褐化愈伤轻轻剥掉。

【参考文献】

印莉萍，2001. 分子细胞生物学实验技术[M]. 北京：首都师范大学出版社.

于源华，2009. 生物工程与技术专业实验教程[M]. 北京：兵器工业出版社.

张婧，包爱科，柴薇薇，等，2020. 农杆菌介导的紫花苜蓿遗传转化体系研究进展[J]. 分子植物育种，18(3)：931-943.

周强，2019. 紫花苜蓿冷胁迫转录组分析及 *MsMYB144* 基因的功能鉴定[D]. 甘肃：兰州大学.

罗栋，2020. 紫花苜蓿耐旱基因挖掘及 *MsNTF2L* 和 *MsDIUP1* 的耐旱功能解析[D]. 甘肃：兰州大学.

FU CX, HERNANDEZ T, ZHOU C E, et al, 2015. Alfalfa (*Medicago sativa* L.) [J]. Agrobacterium Protocols, 1223: 213-221.

【拓展阅读】

牧草转基因育种

转基因牧草的产业化是其分子育种的最终目标。为了规范我国转基因牧草的产业化健康有序发展，2017 年 1 月 23 日农业部颁布了《转基因植物安全评价指南》，明确规定我国农业转基因生物实验需要依次经过五个阶段：实验研究、中间实验、环境释放、生产性实验和申请安全证书。目前，我国已有 25 个优质、高产的转基因牧草新品系获得了农业部批准开展大田中间实验申请项目，其中紫花苜蓿 14 个，柳枝稷 5 个，百脉根 5 个和柱花草 1 个，基因涉及抗盐、耐旱、抗除草剂、抗病和增加生物量等功能。这些材料能够获批开展大田中间实验，标志着牧草转基因育种工作在我国取得阶段性进展。

实验 15　草类植物发根农杆菌介导的遗传转化

一、实验目的

学习草类植物发根农杆菌遗传转化诱导产生毛状根的原理,掌握发根农杆菌介导技术诱导草类植物毛状根的方法。

二、实验原理

通过发根农杆菌(*Agrobacterium rhizogenes*)侵染,以 Ti 质粒中的 T-DNA 为媒介,可以将目的基因导入植物中,获得外源基因稳定表达的转基因株系。发根农杆菌可诱导植物伤口处产生毛状根,同时可以在植物中表达双元载体。Ri 质粒是发根农杆菌中特有的双链共价闭合环状 DNA,可通过其含有的 T-DNA 将具有主导诱根的 *rol* 基因转化并整合到宿主双子叶植物细胞中;并可以同时将携带外源基因的 Ti 质粒通过植物伤口处快速插入、整合到宿主中,使植物合成冠瘿碱并产生许多不定根,这种不定根具有生长迅速、不断分支成毛状和无向地性的特点,故称为毛状根;这一特性使其成为植物基因工程中的天然载体。发根农杆菌介导的遗传转化是一种自 20 世纪后期兴起的新型植物组织培养技术,已经被广泛应用于多种植物的多种分子方向的研究,如基因功能验证。目前,利用发根农杆菌介导技术诱导草类植物毛状根的方法主要有以下三种,即裹菌法、刺穿下胚轴法和浸泡法。在本实验中转化菌株采用 ARqua1,转化方法采用裹菌法。

三、实验仪器和耗材

1. 实验仪器

种子灭菌器、镊子、超净工作台、双分子共聚焦显微镜(FV1000MPE,用于检测 GFP 和 YFP 荧光信号)。

2. 实验耗材

圆形培养皿(直径 90 mm)、方形培养皿(13 cm×13 cm)、医用透气胶带、市售发芽纸(13 cm×13 cm,或者滤纸替代)、离心管(15 mL、50 mL)、手术刀等。

四、实验材料和试剂

1. 实验材料

(1)种子　'兰箭 3 号'箭筈豌豆(*Vicia sativa* L.)。

(2)菌株　含 pBI121(GUS)、pEarleyGate103(GFP)和 pEarleyGate101(YFP)表达载体的 ARqua1 菌株(Str 抗性)。

2. 实验试剂

(1)75%次氯酸钠　分析纯,用于种子表面消毒灭菌。

(2) 超纯水 用于清洗、配制溶液和培养基等。

(3) 75%乙醇。

(4) LB 培养基 每升超纯水中含有 10 g 胰蛋白胨、5 g 酵母提取物、10 g NaCl、15 g 琼脂(固体培养基需加),含 50 μg/mL 的 Str。

(5) 0.4%水琼脂培养基 4 g 琼脂加入 1 L 超纯水为最佳比例。

(6) 诱导培养基(Fa 培养基) 配方见表 15-1 所列。$CaCl_2$ 和 $MgSO_4$ 要单独配制储备液,并单独过滤灭菌。待其他物质灭菌完成后,冷却至 60℃左右分别加入培养基中混匀,再制备 Fa 平板固体培养基,否则容易产生白色沉淀,影响毛状根的诱导效率;固体培养基需加 8 g/L 琼脂,pH 值为 7.5。

表 15-1 Fa 培养基配方

化学试剂	终浓度	化学试剂	终浓度
$CaCl_2 \cdot 2H_2O$	0.02 mmol/L	$MnCl_2$	100 μg/mL
$MgSO_4 \cdot 7H_2O$	0.5 mmol/L	$CuSO_4$	100 μg/mL
KH_2PO_4	0.7 mmol/L	$ZnCl_2$	100 μg/mL
$Na_2HPO_4 \cdot 7H_2O$	0.8 mmol/L		
NH_4NO_3	0.5 mmol/L	H_3BO_3	100 μg/mL
柠檬酸铁	0.02 mmol/L	Na_2MoO_4	100 μg/mL

(7) 常用酶及试剂 2× F8 Fast Long PCR Master Mix、GUS 染色液、cDNA 第一链合成试剂盒、Trizol 试剂和 MS 粉、GUS 染色液。

五、实验步骤与方法

1. 种子灭菌及萌发

(1) 在超净工作台中用 75%次氯酸钠对'兰箭 3 号'箭筈豌豆种子进行灭菌,将种子置于 50 mL 离心管中,加入 75%次氯酸钠至 40 mL 刻度线处,并轻轻上下颠倒清洗种子 15 min。

(2) 倾倒次氯酸钠溶液,用过量的超纯水洗涤种子 5~6 次,用无菌的滤纸吸干表面水分。将灭菌后的种子种脐向上置于 0.4%水琼脂培养基 0.3~0.5 cm 深处,用透气胶带封住培养皿[图 15-1(a)],培养皿表面用锡箔纸裹住,于 4℃环境春化 3 d 后,在恒温培养间(22℃,16 h 光照/8 h 黑暗)萌发,在倒置的水琼脂平板上生根可以让根直立向下生长,更方便下一步的侵染。

2. 菌株活化及培养

在种子开始萌发的同一天,将-80℃保存的含有 pBI121(GUS)、pEarleyGate103(GFP) 和 pEarleyGate101(YFP)表达载体的 ARqua1 菌株分别在 LB 固体培养基(Str 抗性)上划线活化,在 28℃培养箱中倒置培养,培养 48 h 以后挑取单克隆,用 200 μL 含 15%甘油的 LB 液体培养基重新涂板,涂抹均匀后于 28℃环境中倒置培养,培养 48 h 备用。

3. 外植体的准备及裹菌侵染

种子萌发 4 d 后，此时菌株也已经培养完成，在紫外杀菌后的净化工作台中将镊子和医用手术刀用种子灭菌器灭菌并冷却至室温。将根长在 1~1.5 cm 的 4 日龄种子幼苗用镊子夹住种子部分，用手术刀切去长度 3 mm 左右的根尖剩余部分作为外植体，尽量保证刀片与根之间的夹角角度为 45°左右，可以最大面积地接触菌糊，用镊子夹住种子轻轻在表面长有发根农杆菌菌落的 LB 固体培养基上刮取表面的菌糊，对切割产生的伤口进行裹菌。将裹好菌株的外植体置于无抗性的毛状根诱导培养基 Fa 上进行诱导培养 [图 15-1(b)]，用透气胶带封住培养皿，可以在透气胶带上扎几个小孔，利于植物和毛状根生长。在恒温培养间(22℃，16 h 光照/8 h 黑暗)中将培养皿竖直放置培养。

注：每个培养皿宜放置 6~8 个单株，过多或过少会影响毛状根的生长或造成浪费。

4. 毛状根的生长

经过培养 3~5 d 后，会发现伤口处周围已经有毛状根的出现，14 d 左右会发现毛状根的根长在 5~8 cm，如图 15-1(c)所示。可用于下一阶段的使用和研究。

5. 转基因毛状根的检测

（1）GUS 检测　由带有 *GUS* 基因的表达载体(如 pBI121)的发根农杆菌诱导产生的毛状根，可以通过 GUS 染色分析确定转基因阳性毛状根。首先，参照 GUS 染色试剂盒中的步骤配制 10 mL 的 GUS 染色液体，然后将毛状根和放在装有 GUS 染色液的 15 mL 离心管中，确保所有的根都在液面以下，对获得的毛状根将进行 GUS 染色，然后将试管放在 37℃恒温培养箱中孵育，24 h 后用 75%乙醇对毛状根进行 3 次脱色洗涤(每 20 min 更换一次 75%乙醇)，脱色后将外植体放置在 75%乙醇中保存。阳性根会被染成蓝色，而阴性根不能被染成蓝色 [图 15-1(d)]。

图 15-1　裹菌法诱导箭筈豌豆毛状根

(a) 箭筈豌豆种子在水琼脂培养基上倒置萌发；(b) 伤口处裹菌的外植体在铺有发芽纸的 Fa 培养基上进行毛状根的诱导；(c) 侵染后 14 d 时毛状根的表型；(d) 箭筈豌豆毛状根 GUS 染色表型；(e) 和 (f) 毛状根 GFP 和 YFP 表型

(2) 毛状根 GFP 和 YFP 检测　用含有 pEarleyGate103(GFP) 和 pEarleyGate101(YFP) 载体的发根农杆菌诱导'兰箭3号'毛状根，将获得的毛状根置于盖玻片和载玻片之间，将载玻片放在共聚焦显微镜下检测，激发波长分别为 488 nm 和 500 nm，阳性毛状根可以检测到荧光信号[图 15-1(e)和(f)]，而阴性毛状根不能检测到荧光信号。

(3) PCR、RT-PCR 引物及反应条件

①PCR：对 pBI121 载体上的 *35S*、*GUS* 和 *npt* Ⅱ基因片段进行 PCR 引物设计（表 15-2）。PCR 反应条件为 95℃ 1 min；95℃ 15 s，55℃ 15 s，72℃ 30 s，35 个循环；72℃ 1 min；4℃保温。

②RT-PCR 逆转录-聚合酶链反应：对 pBI121 载体上的 *GUS* 基因片段进行 RT-PCR 引物设计（表 15-2）。RT-PCR 反应条件为 95℃ 1 min；95℃ 15 s，55℃ 15 s，72℃ 30 s，35 个循环；72℃ 1 min；4℃保温。

表 15-2　PCR 和 RT-PCR 引物名称、序列及目标产物大小

引物类别	引物名称	引物序列	目标产物大小/bp
PCR	*35S*	上游引物：ACCTAAACAAGAACTCGCCGT 下游引物：ATAGAGGAAGGGTCTTGCG	472
PCR	*GUS*	上游引物：CATGAAGATGCGGACTTACG 下游引物：ATCCACGCCGTATTCGG	693
PCR	*npt* Ⅱ	上游引物：GAGCGGCGATACCGTAAAGC 下游引物：TGGGTGGAGAGGCTATTCGG	703
RT-PCR	*GUS*	上游引物：TGTCACGCCGTATGTTATTG 下游引物：AACTGTTCGCCCTTCACTG	492

六、实验结果与分析

1. '兰箭3号'毛状根的产生及阳性检测结果

(1) 毛状根的产生　如图 15-1(c)所示，侵染诱导后 14 d 左右可以在裹菌的伤口周围产生毛状根，毛状根无向地性。

(2) GUS 染色检测结果　对'兰箭3号'的毛状根进行 GUS 染色检测，可以发现，如图 15-1(d)所示，箭筈豌豆的根都已经变蓝，即所获得的毛状根为转基因的毛状根。

(3) GFP 和 YFP 检测结果　对'兰箭3号'的毛状根进行 GFP 和 YFP 检测，可以发现毛状根都可检测到荧光信号[图 15-1(e)和(f)]，说明目的基因在'兰箭3号'毛状根中表达成功。

(4) 毛状根 PCR 检测结果　参照实验步骤与方法中的 PCR 引物与反应条件，检测'兰箭3号'的毛状根中的 *35S*、*GUS* 和 *npt* Ⅱ基因片段。对诱导出的毛状根进行 PCR 扩增目的条带进行检测；如图 15-2(a)所示，图示中标注的 CK+代表 ARqua1 菌株质粒 DNA 作为阳性对照扩增出来的 *35S*、*GUS*、*npt* Ⅱ基因的特异性片段；T1~T4 分别为发根农杆菌菌株 ARqua1 诱导出来的箭筈豌豆的毛状根的 *35S*、*GUS*、*npt* Ⅱ基因的特异性片段，条带大小与目的基因大小一致，分别为 472 bp、693 bp 和 703 bp。CK-和 WT 分别代表无菌超纯水和野生型无菌苗的根部 DNA 作为阴性对照扩增出来的 *35S*、*GUS*、*npt* Ⅱ基因的特异性片

段，未扩增出目的条带。

(5) 毛状根 RT-PCR 检测结果　毛状根 *GUS* 基因的 RT-PCR 检测结果如图 15-2(b) 所示。M 代表 2 kb DNA Marker；CK-代表无菌超纯水的扩增结果，WT 代表野生型'兰箭 3 号'无菌苗的根部 cDNA 的扩增结果，CK-和 WT 作为阴性对照；Line 1~Line 4 分别为 4 个不同株系的毛状根 cDNA 扩增结果。转基因株系条带大小与目的基因大小一致，即 492 bp，而负对照中未扩增出目的条带。

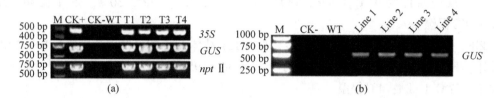

图 15-2　'兰箭 3 号'毛状根的 PCR(a) 和 RT-PCR(b) 检测结果

七、注意事项

(1) 在裹菌侵染后的诱导过程中，Fa 培养基上面宜铺一张发芽纸，将外植体置于发芽纸上后再覆盖一层发芽纸，形成发芽纸-外植体-发芽纸的三明治结构，除了可以使外植体更充分地接触培养基、防止农杆菌过度生长和其他杂菌污染等，还便于培养皿的竖直放置，避免因外植体跌落而影响毛状根的转化效率。

(2) 箭筈豌豆种子消毒后，用无菌的滤纸吸干表面水分，冲洗次数过少的种子容易在后续实验时受到次氯酸钠的影响。

(3) 将菌株、植物、外植体进行不同的组合，会导致发根诱导率的变化(表 15-3)。

表 15-3　11 种草类植物诱导毛状根的转化率

植物名称	萌发到根长 1 cm 的时间/d	产生毛状根时间/d	转化率/%
白三叶	4	3~4	40
山黧豆	4	3~5	35
黄花草木樨	4	5~7	30
毛苕子	4	2~4	75
红豆草	4	3~4	45
红三叶	4	4~5	48
黄羽扇豆	5	4~7	10
百脉根	2	3~5	52
紫云英	4	3~6	18
沙打旺	4	3~7	60
紫花苜蓿	3	2~4	52

(4) 实验结束后实验垃圾放在指定回收桶中。

【参考文献】

梅错,刘志鹏,2020. 发根农杆菌介导的箭筈豌豆毛状根遗传转化体系的建立[J]. 中国草地学报,42(5):1-7.

陈秀清,2011. 发根农杆菌诱导毛状根研究进展[J]. 安徽农业科学,39(16):9512-9514.

靳小莎,2018. 甘草转基因毛状根诱导及培养体系的建立[D]. 保定:河北农业大学.

宗晓秋,张东升,黄文坤,等,2012. 发根农杆菌诱导大豆毛状根体系的建立[J]. 华中农业大学学报,31(6):699-703.

ARUM M, SUBRAMANYAM K, MARIASHIBU TS, et al, 2015. Application of sonication in combination with vacuum infiltration enhances the *Agrobacterium*-mediated genetic transformation in Indian soybean cultivars [J]. Applied Biochemistry and Biotechnology, 175(4):2266-2287.

FERGUSON B J, MENS C, HASTWELL A H, et al, 2019. Legume nodulation: the host controls the party [J]. Plant, Cell and Environment, 42(1):41-51.

DEPAOLIS A, FRUGIS G, GINANINO D, et al, 2019. Plant cellular and molecular biotechnology: following Mariotti's steps[J]. Plants, 8(1):18.

LIU J X, DENG J, ZHU F G, 2018. The MtDMI2-MtPUB2 negative feedback loop plays a role in nodulation homeostasis[J]. Plant Physiology, 176(4):3003-3026.

FAHRAEUS G, 1957. The infection of clover root hairs by nodule bacteria studied by a simple glass slide technique[J]. Journal of General Microbiology, 16:374-381.

【拓展阅读】

天然转基因作物——甘薯

自然界中,有一种原核微生物叫农杆菌,是天生的转基因高手,能将细菌基因转入高等植物中,打破了物种生殖隔离。农杆菌通过侵染植物伤口进入细胞后,将细菌T-DNA(生长素和细胞分裂素基因)插入植物基因组中,诱导产生冠瘿瘤或毛状根。科学家们正是利用农杆菌的这种特性,把农杆菌改造成了构建转基因作物的工具。

甘薯,又称红薯或地瓜,是一种天然的转基因作物。科学家对291个甘薯样品进行研究,都发现了农杆菌T-DNA的序列。科学家认为在甘薯进化的过程中,曾被农杆菌侵染,而且被转入的农杆菌T-DNA在后续的自然选择中保留了下来。这些农杆菌基因的转入,可能影响了甘薯的性状,而自然选择又保留了这些性状。总之,这些发现表明了在作物进化过程中转基因事件可以自然地发生。

实验 16　草类植物 GUS 染色

一、实验目的

理解 GUS 染色的原理以及意义，掌握 GUS 染色的基本步骤。

二、实验原理

β-葡萄糖苷酸酶(β-glucuronidase，GUS)是一种水解酶，能催化 β-葡萄糖苷酯类物质水解。X-Gluc(5-溴-4-氯-3-吲哚-β-D-葡萄糖醛酸环已胺盐)是 GUS 的底物，在适宜条件下，GUS 可将 X-Gluc 水解形成靛蓝染料，使具有 GUS 活性的位点呈现蓝色，可用肉眼或在体视显微镜下观察到。绝大多数植物细胞不存在内源 GUS 活性，因此 *GUS* 基因广泛用作转基因植物的报告基因。此外，*GUS* 基因 5′或 3′端与其他基因结合形成的融合基因也能够正常表达，所产生的融合蛋白仍具有 GUS 活性，这对研究外源基因在细胞内的具体表达部位提供了方便条件，一般用来显示某基因的组织表达特异性。

三、实验仪器和耗材

1. 实验仪器

抽真空装置、恒温培养箱、体视显微镜、移液枪。

2. 实验耗材

离心管(1.5 mL)、枪头、乳胶手套等(参照前述章节)。

四、实验材料和试剂

1. 实验材料

转 *GUS* 报告基因的紫花苜蓿阳性植株幼嫩叶片(图 16-1)。

2. 试剂

(1) GUS 洗液　取 1 mL 0.5 mol/L 亚铁氰化钾溶液、1 mL 0.5mol/L 铁氰化钾溶液、10 mL 10 mmol/L EDTA，加 100 mmol/L 磷酸缓冲液(pH 7.0)定容至 100 mL，配制成 GUS 洗液。

(2) GUS 染色液　取 5 mg X-Gluc 加入 5 mL GUS 洗液中，配制成 1 mg/mL GUS 染色液，用锡纸包裹，保存于-20℃冰箱。

(3) 固定液　90 mL 丙酮、10 mL 超纯水，配制成 90%丙酮溶液(图 16-1)。

五、实验步骤与方法

1. 植物材料固定

将紫花苜蓿叶片用 90%丙酮固定 20 min，为防止细胞组织收缩，细胞结构改变，一般

图 16-1 实验材料和试剂

(a) 含 GUS 基因的紫花苜蓿阳性植株；(b) 试剂

在 4℃下固定 20 min，加入 1 mL GUS 洗液洗去丙酮，为保证清洗干净，一般洗 2~3 次（图 16-2）。

2. 染色和脱色

(1) 将处理好的紫花苜蓿叶片浸泡在染色液中，冰上抽真空 15~20 min，37℃保温 1 h（图 16-2）。

(2) 倒去染色液，加入 70%乙醇，停止染色并脱色，重复 2~3 次，至野生型对照材料呈白色（图 16-2）。

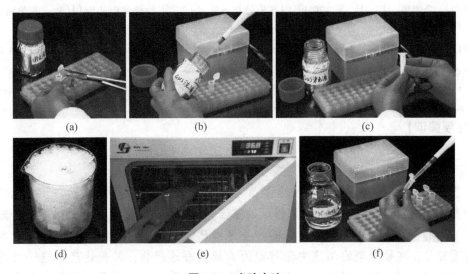

图 16-2 实验方法

(a) 植物材料固定；(b) 除丙酮；(c) GUS 染色；(d) 冰浴并抽真空；(e) 保温；(f) 脱色

3. 观察

肉眼或体视显微镜下观察紫花苜蓿叶片染色情况并拍照。

六、实验结果与分析

紫花苜蓿叶片细胞内不具备内源的 GUS 活性，非转基因紫花苜蓿叶片脱色后不会呈现出蓝色，转基因紫花苜蓿叶片脱色后会呈现出蓝色斑点状或者全部蓝色，小叶柄处染色最深(图 16-3)。

图 16-3 紫花苜蓿叶片 GUS 染色效果对比
(a)野生型紫花苜蓿；(b)转 GUS 基因紫花苜蓿

七、注意事项

(1)用于染色的植物材料根据组织和器官的不同,处理方式存在差异。例如,紫花苜蓿叶片可以不做预处理直接染色,而茎需在染色前切成薄片。

(2)GUS 染液容易分解,使用前需用锡纸包裹,保存于-20℃冰箱。

(3)实验过程全程戴好手套、口罩,穿好实验服。

(4)实验结束后实验垃圾放在指定回收桶中。

【参考文献】

王晓雯,李先碧,张建奎,等,2019. GUS 染色技术在遗传学实验教学中的应用[J]. 实验科学与技术,17(4):92-94.

JEFFERSON R A, 1987. Assaying chimeric genes in plants: The GUS gene fusion system[J]. Plant Molecular Biology Reporter, 5(4): 387-405.

JEFFERSON R A, KAVANGH T A, BEVAN M W, 1987. GUS fusions: beta-glucuronidase as a sensitive and versatile gene fusion marker in higher plants[J]. EMBO Journal, 6(13): 3901-3907.

【拓展阅读】

报告基因

报告基因是指一类在细胞、组织、器官或个体处于特定情况下会表达并使得它们产生易于检测且实验材料原本不会产生的性状的基因。作为报告基因,在遗传选择和筛选检测方面必须具有以下几个条件:已被克隆和全序列已测定;表达产物在受体细胞中不存在,即无背景,在被转染的细胞中无相似的内源性表达产物;其表达产物能进行定量测定。在植物基因工程研究领域,已使用的报告基因主要有以下几种:胭脂碱合成酶基因(*nos*)、章鱼碱合成酶基因(*ocs*)、新霉素磷酸转移酶基因(*npt*Ⅱ)、氯霉素乙酰转移酶基因(*cat*)、庆大霉素转移酶基因、葡萄糖苷酶基因、荧光酶基因等。

实验 17　草类植物原生质体的制备

一、实验目的
掌握原生质体制备的简易方法，理解草类植物原生质体制备的原理。

二、实验原理
利用酶解法（纤维素酶、半纤维素酶、果胶酶等）去掉植物细胞壁，释放出原生质体，即由细胞质膜包围的裸露细胞。原生质体在含钙离子且具有一定渗透压的溶液培养条件下，能维持原生质膜的稳定，可进行瞬时转化等实验。原生质体具有再生出细胞壁并再生为完整植株的能力，结合体细胞胚杂交技术，可用于培育植物新品种。

三、实验仪器和耗材

1. 实验仪器

高压灭菌锅、干热灭菌器（350℃）、振荡摇床、电子天平、移液枪、荧光显微镜、光学显微镜等。

2. 实验耗材

镊子、剪刀、解剖刀、载玻片、盖玻片、乳胶手套、滤头 0.22 μm，解剖刀（或双面刀片）、吸头（20 μL、200 μL、1 mL）、培养皿（6 cm）、离心管（2 mL、10 mL、50 mL）、100 目网筛（高压灭菌后备用）。

四、实验材料和试剂

1. 实验材料

植物材料：本实验以紫花苜蓿无菌苗的子叶或 3~6 周龄幼苗完全展开的叶片为原生质体分离材料。在光照培养箱或组培室中，设置光周期 16 h 光照/8 h 黑暗，光照强度 50~75 μE/(m^2·s) 下培养，24℃光照/22℃黑暗，相对湿度 60%~70%。

注：对单子叶植物来说，分离原生质体常用黄化的幼苗、愈伤组织、根尖等作为分离原生质体的材料。对双子叶植物，分离原生质体常用叶片、根尖和子叶等。

2. 实验试剂

（1）5%次氯酸钠溶液配制　适量氯酸钠消毒液（有效氯≥10%）加入等体积的超纯水。

（2）1/2 MS 固体培养基　称取 2.22 g MS 培养基，8.0 g 蔗糖，溶于超纯水中，定容至 1 L，用 1 mol/L NaOH 溶液调节 pH 值至 5.8，加入 7.0 g 琼脂，在 121℃高压灭菌 20 min，稍冷却到约 65℃后倒入培养皿（直径 9 cm），每皿约 30 mL，4℃保存备用。

（3）储备液配制

① 1 mol/L KCl（M_r=74.55）：准确称取 3.728 g KCl，溶于 40 mL 超纯水中，并定容至

50 mL。用高压灭菌锅消毒后可长期保存,备用。

②1 mol/L $MgCl_2$(Mr=203.3):准确称取 10.165 g $MgCl_2 \cdot 6H_2O$,溶于 40 mL 超纯水中,定容至 50 mL。用高压灭菌锅消毒后可长期保存,备用。

③1 mol/L NaCl(Mr=58.44):准确称取 2.922 g NaCl,溶于 40 mL 超纯水中,并定容至 50 mL。用高压灭菌锅消毒后可长期保存,备用。

④1 mol/L $CaCl_2$(Mr=110.98):准确称取 5.549 g 无水 $CaCl_2$,溶于 40 mL 超纯水中,并定容至 50 mL。用高压灭菌锅消毒后可长期保存,备用。

⑤1 mol/L MES[2-(N-吗啉基)乙磺酸,Mr=213.25]:准确称取 10.663 g MES,溶于 40 mL 超纯水中,用 1 mol/L NaOH 调 pH 值至 5.7,定容至 50 mL。用高压灭菌锅消毒后可长期保存,备用。

⑥0.5 mol/L 甘露醇(Mr=182.17):准确称取 4.554 g 甘露醇,溶于 40 mL 超纯水中,并定容至 50 mL。用高压灭菌锅消毒后可长期保存,备用。

(4)酶解液配制(10 mL/样品) 在一个 50 mL 离心管中,依次加入下列括号中试剂到目标浓度:

①含 0.4 mol/L 甘露醇(加 1 mol/L 甘露醇 4 mL)。

②20 mmol/L KCl(加 1 mol/L KCl 200 μL)。

③20 mmol/L MES(加 1 mol/L MES,pH=5.7,200 μL)。加入 5.5 mL 无菌超纯水。

④1.5% 纤维素酶 R10(称 0.225 g 纤维素酶 R10)。

⑤0.5% 离析酶 R10(称 0.075 g 离析酶 R10)。

⑥0.3% 果胶酶 Y-23(称 0.045 g 果胶酶 Y-23)。55℃加热 10 min,冷却到室温。

⑦10 mmol/L $CaCl_2$(加 100 μL 1 mol/L $CaCl_2$)。

⑧0.1% BSA(加 0.01 g BSA)。

⑨5 mmol/L β-巯基乙醇(加 5.24 μL β-巯基乙醇)(可选)。

注:酶解液为澄清褐色,现用现配,使用之前用 0.22 μm 过滤头过滤除菌,4℃保存备用;溶液配制的量依样品数目,按比例扩大。

(5)W5 缓冲液(20 mL/样品) 含 154 mmol/L NaCl,2 mmol/L MES,5 mmol/L KCl,125 mmol/L $CaCl_2$,pH 5.7。配制时取 3.08 mL 1 mol/L NaCl,0.04 mL 1 mol/L MES 储备液(pH=5.7),0.1 mL 1 mol/L KCl,2.5 mL 1 mol/L $CaCl_2$,加无菌超纯水并定容至 20 mL,用 0.22 μm 过滤头过滤除菌备用。

(6)MMG 溶液(1 mL)

①0.4 mol/L 甘露醇(加 0.4 mL 1 mol/L 甘露醇,或者直接称取 0.0728 g)。

②15 mmol/L $MgCl_2$(加 0.015 mL 1 mol/L $MgCl_2$)。

③4 mmol/L MES(pH 5.7)(加 0.004 mL 1 mol/L MES)。加入无菌超纯水 581 μL,终体积至 1 mL。

(7)FDA(荧光素二乙酸酯)母液 在避光条件下称量 1 mg FDA,溶于 1 mL 丙酮,于 -20℃ 避光储存,储存期不宜过长,最好现配现用。

(8)FDA 染色液 取 0.1 mL FDA 母液,加入 9.9 mL W5 缓冲液,最终浓度为 0.01%。

五、实验步骤与方法

1. 植物材料准备

紫花苜蓿种子用75%乙醇清洗2 min，然后用5%次氯酸钠溶液(NaClO)灭菌30 min，在超净工作台上用无菌超纯水清洗5~10次。将种子接种于1/2MS培养基上，每皿20~30粒，在25℃暗培养5 d左右备用。或种植在花盆中，生长3~6周，备用。

2. 原生质体制备

(1) 取紫花苜蓿无菌苗的子叶(>50片)，或3~6周龄苗完全展开的叶片(10~20片)，用解剖刀划切成0.5~1 mm细条，置于20 mL 0.5 mol/L甘露醇溶液中，浸泡10~15 min，进行质壁分离。

(2) 将质壁分离后的植物材料用100目网筛过滤，弃滤液。

(3) 将植物材料置于有6 mL酶解液的平皿或三角瓶中，避光，在恒温摇床上以30~50 r/min转速摇2~3 h(23℃)，溶液呈黄绿色。此时，将W5溶液和离心机预冷到4℃。

注：此步可利用真空泵抽真空10 min后再置于摇床上轻摇，避光酶解。

(4) 用100目网筛将含有叶绿体的溶液过滤至10 mL圆底离心管中，于4℃下100 r/min离心3 min。

注：离心机升降速度均设为"1"；从此步骤起，枪头均要用剪刀去尖儿，以减少对原生质体的损伤。

(5) 小心地吸去上清液后，缓慢贴壁向离心管加入1 mL预冷的W5溶液，轻轻摇匀后再加入4 mL W5溶液，充分悬浮原生质体。

(6) 在4℃、100 r/min离心1 min。

(7) 小心地吸去上清液，重复步骤(5)，冰上孵育30 min，W5溶液中所含的Ca^{2+}容易让原生质体细胞聚沉。

(8) 4℃、100 r/min离心1 min。

(9) 弃上清，加入1 mL MMG溶液，轻轻摇匀。

(10) 用光学显微镜观察原生质体形态，统计密度；终浓度在$2×10^5$ 个/mL为宜。

3. 原生质体活性检测(FDA染色法)

(1) 取1滴0.01%FDA染色液与1滴原生质体悬浮液在载片上混匀，25℃室温染色5~10 min。

(2) 用荧光显微镜在激发光波长330~500 nm下观察。活的原生质体产生黄绿色荧光，观察计算原生质体存活百分率。

六、实验结果与分析

植物的材料类型、基因型、生理状态、年龄、酶解液中的酶种类和浓度、酸碱度、酶解时间、处理温度等因素都会影响原生质体的分离效果。原生质体在悬浮液中彼此分离，在显微镜下呈球形，FAD染色后，有活力的呈黄绿色，结果如图17-1所示。

七、注意事项

(1) 植物材料宜切成细条，以提高分离效果。

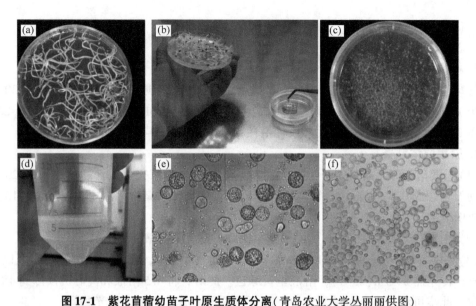

图17-1 紫花苜蓿幼苗子叶原生质体分离(青岛农业大学丛丽丽供图)
(a)发芽5 d的紫花苜蓿无菌苗;(b)取无菌子叶;(c)子叶经切碎后酶解;(d)离心收集原生质体;
(e)FDA染色后,在荧光显微镜488 nm激发光下的原生质体(呈黄绿色的为有活力的原生质体);
(f)普通光学显微镜下观察统计原生质体

(2)真空处理的时间不宜太长。
(3)离心收集原生质体时,离心力太强会导致原生质体破裂。

【参考文献】

KOSTURKOVA G, 1993. Expression of Foreign Genes Following Electroporation of Medicago Protoplasts [J]. Biotechnology & Biotechnological Equipment, 7: 2, 43-46.

SANGRA A, SHAHINL, DHIRSK, 2019. Optimization of isolation and culture of protoplasts in alfalfa (*Medicago sativa*) cultivar Regen-SY[J]. American Journal of Plant Sciences, 10(7): 1206.

REN R, GAO J, LU C, 2020. Highly efficient protoplast isolation and transient expression system for functional characterization of flowering related genes in cymbidium orchids[J]. International Journal of Molecular Sciences, 21(7): 2264.

ZHU B, LI H, XIA X, 2020. ATP-binding cassette G transporters SGE1 and MtABCG13 control stigma Exsertion[J]. Plant Physiology, 184(1): 223-235.

【拓展阅读】

原生质体培养

原生质体培养就是对植物的原生质体进行离体培养,形成完整植株的过程。原生质的培养方法有液体浅层培养法、液体悬滴培养法、固体平板法、固液双层培养法(应用最广泛)、琼脂糖珠培养法等。原生质体培养的植株再生一般经过细胞壁再生、细胞分裂成细胞团、愈伤组织(或胚状体)和植株再生这几个过程。其中,细胞壁再生这一步的培养非常重要,因为只有形成细胞壁,才能完成植株再生。原生质体细胞壁的形成也可以用来验证植物细胞壁形成关键基因的功能。

实验18 PEG介导的原生质体转化

一、实验目的

掌握PEG介导的原生质体转染的简易方法,理解利用原生质体进行瞬时转化实验的基本原理。

二、实验原理

原生质体是细胞质膜包围的裸露细胞。植物原生质体在含钙离子且具有一定渗透势的溶液培养条件下维持原生质膜的稳定,在PEG和Ca^{2+}存在下可吸收并表达外源DNA。

PEG作为融合剂通过引起细胞膜表面电荷的紊乱,干扰细胞间的识别,使细胞膜之间或DNA与膜之间形成分子桥,促使细胞接触和粘连、融合及外源DNA的进入。一般认为,PEG与细胞膜内的水、蛋白质和糖类分子形成氢键,使得原生质体连在一起而发生凝聚,并由于Ca^{2+}的存在而加强,这种细胞间凝聚能够促进DNA的吸收。

三、实验仪器和耗材

1. 实验仪器

高压灭菌锅、干热灭菌器、电子天平、移液枪、荧光显微镜、pH计、振荡摇床等。

2. 实验耗材

载玻片、盖玻片、乳胶手套、枪头(20 μL、200 μL、1 mL)、培养皿(6 cm)、圆底离心管(2 mL,高压灭菌后备用)等。

四、实验材料和试剂

1. 实验材料

(1)原生质体 本实验以从紫花苜蓿子叶分离而来的原生质体为材料。

(2)质粒 转化原生质体对质粒的质量要求比较高,需要使用试剂盒大量提取。质粒浓度在1~2 μg/μL为宜,一次原生质体转化需要10~20 μg质粒。

2. 实验试剂

(1)1 mol/L MES缓冲液(pH 5.7) 准确称量10.663 g 2-(N-吗啡啉)乙磺酸(MES),溶于40 mL超纯水中,用1 mol/L NaOH调至pH 5.7后,加超纯水定容至50 mL。用高压灭菌锅消毒后可长期保存,备用。

(2)1 mol/L 甘露醇溶液 准确称量4.554 g甘露醇,溶于40 mL超纯水中,并定容至50 mL。用高压灭菌锅消毒后可长期保存,备用。

(3)1 mol/L KCl溶液 准确称量3.728 g KCl,溶于40 mL超纯水中,并定容至50 mL。用高压灭菌锅消毒后可长期保存,备用。

(4) 1 mol/L CaCl$_2$ 溶液　准确称量 5.549 g 无水 CaCl$_2$，溶于 40 mL 超纯水中，并定容至 50 mL。用高压灭菌锅消毒后可长期保存，备用。

(5) WI 溶液　含 0.5 mol/L 甘露醇、4 mmol/L MES 和 20 mmol/L KCl(pH 5.7)。取 10 mL 1 mol/L 甘露醇母液、0.08 mL 1 mol/L MES 缓冲液母液(pH 5.7)、0.4 mL 1 mol/L KCl 母液，补加超纯水至总体积 20 mL。

(6) 40% PEG 溶液　20 mL 含 40% PEG4000，0.2 mol/L 甘露醇，0.1 mol/L CaCl$_2$。配制时称 8.0 g PEG4000，加入 4 mL 1 mol/L 甘露醇储备液，2 mL 1 mol/L CaCl$_2$ 加入无菌超纯水 8 mL，涡旋振荡或加热至 50~65℃溶解，定容至 20 mL。

(7) W5 溶液　含 154 mmol/L NaCl，2 mmol/L MES(pH 5.7)，5 mmol/L KCl，125 mmol/L CaCl$_2$。配制时取 3.08 mL 1 mol/L NaCl，0.04 mL 1 mol/L MES(pH 5.7)，0.1 mL 1 mol/L KCl，2.5 mL 1 mol/L CaCl$_2$ 加无菌超纯水并定容至 20 mL，用 0.22 μm 过滤头过滤除菌备用。

五、实验步骤与方法

实验在常温下操作，环境温度 23℃为宜。

(1) 将 20 μL 质粒(浓度约 1 μg/μL)加入 2 mL 圆底离心管中；加入 200 μL 原生质体(约 2×10^4 个原生质体)，将其与质粒 DNA 轻轻颠倒混合。

(2) 加入等体积的 PEG 溶液 220 μL，轻轻颠倒、轻敲管子混匀。

注：加入 40% PEG 溶液后需立即混匀，时间长了质粒就会凝集很难再混匀，影响转化效率；PEG 浓度过高或作用时间过长，易于使原生质脱水破裂、失活，降低转化率。

(3) 室温(23℃)下，避光，孵育 10~20 min。

(4) 在室温下加入 880~900 μL W5 溶液，轻轻摇晃或倒置试管，充分混匀。

(5) 23℃，100 r/min 离心 1 min，小心吸去上清。

注：可用 1 mL 5%BSA 溶液洗培养皿一遍。

(6) 用 1~2 mL WI 溶液轻轻重悬原生质体(可用六孔板或 6 cm 培养皿)。

(7) 将原生质体在室温(23℃)下，避光，孵育 12~20 h。

(8) 23℃，100 r/min 离心 1 min，吸去上清。

(9) 加入 200 μL W5 溶液重悬原生质体进行分析。

注：为便于观察，选择带有报告基因(如 *GFP*、*YFP*)的质粒。

(10) 取 20~30 μL 滴于载玻片上，用激光共聚焦显微镜在相应激发光下，观察。孵育时间不宜过长，预实验时在不同时间段观察，确定最佳观察时间。

六、实验结果与分析

本实验中所用的载体带有绿色荧光蛋白(GFP)标记基因，被转化的原生质体在激发光 488 nm 的照射下显示绿色荧光(图 18-1)。根据显示绿色荧光的原生质体数与总原生质体数目可计算转化效率。原生质体数目和质粒的浓度，PEG 浓度等因素都会影响原生质体转化效率。

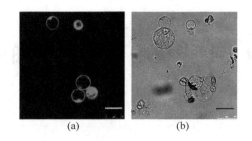

图 18-1 转染 *35S*：*GFP* 的紫花苜蓿原生质体（Jia et al.，2018）

(a)激光共聚焦显微镜激发光 488 nm 下的原生质体，发绿色荧光为成功转化的原生质体；(b)明场下的原生质体

【参考文献】

MAAS C, WERR W, 1989. Mechanism and optimized conditions for PEG mediated DNA transfection into plant protoplasts[J]. Plant Cell Rep, 8(3): 148-151.

JIA N, ZHU Y, XIE F, 2018. An efficient protocol for model legume root protoplast isolation and transformation[J]. Frontiers in Plant Science, 4(9): 670.

ZHU B, LI H, XIA X, et al, 2020. ATP-binding cassette G transporters SGE1 and MtABCG13 control stigma Exsertion[J]. Plant Physiology, 184(1): 223-235.

【拓展阅读】

植物体细胞杂交

植物体细胞杂交也称为植物体细胞融合，是指将两个不同植物的原生质体体细胞融合成一个体细胞的过程。融合形成的杂种细胞具有两个细胞的染色体。体细胞融合一般都采用化学和物理因素的诱导技术。人工诱导体细胞融合方法作为一种生物工程技术已广泛地用于种内、种间、属间、科间乃至动、植物的杂种细胞的构建。该方法无论在生物学的基础理论研究方面，或工、农、医等应用方面，均具有广阔的前景。原生质体融合可分为对称融合（symmetric fusion）和非对称融合（asymmetric fusion）两类。融合过程中采用物理的（如射线、离心、振动和电击）和化学试剂[如聚乙二醇（PEG）、碘乙酰胺（IOA）、碘乙酸盐（Iodoacetate）]的处理。

实验 19　草类植物蛋白的亚细胞定位

一、实验目的

学习并掌握草类植物蛋白亚细胞定位的原理与方法。

二、实验原理

在植物蛋白质功能的研究中，了解其在植物细胞内的定位至关重要。可产生荧光的绿色荧光蛋白(green fluorescent protein，GFP)的基因与编码某种蛋白质的基因相融合，利用荧光显微镜或激光共聚焦显微镜，就可以在表达这种融合蛋白基因的活细胞中，观察到该蛋白的定位。另外，黄色荧光蛋白(yellow fluorescent protein，YFP)作为 GFP 的一种突变，也可以用于探究植物蛋白的亚细胞定位。常用于融合蛋白瞬时表达的材料主要为原生质体、烟草(*Nicotiana benthamiana*)表皮细胞或洋葱(*Allium cepa*)表皮细胞。

第一部分：烟草表皮细胞瞬时表达

三、实验仪器和耗材

1. 实验仪器

离心机、水浴锅、核酸检测仪、PCR 仪、激光共聚焦显微镜、注射器、摇床、电泳仪、紫外凝胶成像仪、移液枪、电子天平、液氮罐等。

2. 实验耗材

离心管(1.5~50 mL)、PCR 管、剪刀、枪头、乳胶手套等。

四、实验材料和试剂

1. 实验材料

新鲜植物组织的 cDNA、6 周龄烟草幼苗。

2. 实验试剂

(1)亚细胞定位载体的构建　草类植物模板 cDNA、含有酶切位点的目的基因特异性上下游引物(能够扩增不包括终止密码子的目的基因 ORF 框)、Phusion® High-Fidelity DNA Polymerase(包含 dNTP、5× Phusion GC 缓冲液和 Phusion DNA 聚合酶)、StarPrep Gel Extraction Kit(胶回收试剂盒)、SanPrep Column Plasmid Mini-Preps Kit(质粒提取试剂盒)、限制性内切酶、In-Fusion® HD Cloning(连接酶)、大肠杆菌 DH5α、PBI121-GFP/YFP 载体。

(2)烟草表皮细胞瞬时表达　根癌农杆菌 GV3101 或 EHA105 菌株、LB 固体培养基、LB 液体培养基、乙酰丁香酮、蔗糖、MS 培养基、$MgCl_2$、2-吗啉乙磺酸(MES)、Kan、庆大霉素(Gent)、Rif、Marker：PIP2A-mCherry 质粒(质膜)、DAPI 染料、At-TPK1-mCherry 质粒(液泡膜)、CYTB5-B-YFP 质粒(内质网)等。

五、实验步骤与方法

1. 亚细胞定位载体的构建

(1) 目的基因的 PCR 扩增　根据 Phusion® High-Fidelity DNA Polymerase 高保真酶扩增步骤，以目的基因 cDNA 为模板，进行 PCR 扩增，根据目的片段的大小制作琼脂糖凝胶，进行电泳后回收并纯化目的片段(参照实验 8 PCR 产物的回收与 DNA 重组)。

PCR 体系：20 μL 体系，0.8 μL cDNA、1.6 μL dNTP、4 μL 5×Phusion GC 缓冲液、0.2 μL Phusion DNA 聚合酶、上下游引物各 0.8 μL、超纯水补齐 20 μL。

PCR 扩增程序：98℃预变性 30 s，98℃变性 10 s，退火温度 50~60℃(根据引物设置的退火温度)，延伸时间 30~60 s(取决于目的片段的大小)，循环数为 35。

(2) 酶切　用限制性内切酶酶切带有荧光蛋白的质粒，并回收酶切产物中的长片段。

(3) 连接　利用 In-Fusion® HD Cloning 无缝克隆技术将目的基因与载体相连。将 1 μL 目的基因回收产物、1 μL 5× In-Fusion HD Enzyme Premix 和 3.5 μL 酶切回收质粒，混匀后于 50℃水浴锅中温浴 15 min，然后立即冰浴 5 min。

(4) 转化　将连接产物转化大肠杆菌 DH5α 后，涂布在含有 50 mg/mL Kan 的 LB 固体培养基上 37℃过夜培养，挑选阳性克隆进行 PCR 鉴定，提取电泳条带大小正确的菌株质粒后测序。

2. 转化农杆菌

将 10 μL 测序正确的质粒加入 50 μL 根癌农杆菌 GV3101 或 EHA105 菌株的感受态细胞中，冰浴 30 min 后在液氮中冷冻 30 s，然后 37℃水浴 5 min，冰上冷却 2 min 后加入 1 mL LB 液体培养基，于 28℃，250 r/min 黑暗培养 2 h，培养好的菌液 6000 r/min 离心 5 min 后吸取上清，剩余 50 μL 吹打混匀并涂布在同时含有 Kan(50 mg/mL) 和 Gent(50 mg/mL)/Rif(50 mg/mL) 的 LB 固体培养基上，28℃培养 2 d，挑选阳性克隆进行菌液 PCR 鉴定后，提取质粒测序。

3. 转化烟草

(1) 吸取上述测序正确的根癌农杆菌菌液 200 μL，加入 3 mL 含有 50 mg/mL Kan 和 50 mg/mL Gent/Rif 的 LB 液体培养基中，28℃，200 r/min，黑暗中培养过夜。

(2) 吸取培养后的菌液 200 μL，加入含有 50 mg/mL Kan、50 mg/mL Gent/Rif、10 mmol/L MES 和 20 μmol/L 乙酰丁香酮的 LB 液体培养基中，28℃，200 r/min，过夜培养至 OD_{600} = 0.8 左右。

(3) 培养后的根癌农杆菌菌液于室温下 10 000 r/min 离心 5 min，收集菌体。用含有 4.43g/L MS、1%蔗糖、10 mmol/L $MgCl_2$、10 mmol/L MES 和 150 μmol/L 乙酰丁香酮的重悬液(pH 5.7)重悬菌体，使得菌体 OD_{600} = 0.4。

(4) 将含有 Marker 重组质粒的菌液与含目的基因重组质粒的菌液按 1∶1 混匀，用于注射烟草叶片；染色的 Marker(如 DAPI 可以与 DNA 结合的荧光染料)可在观察荧光前对注射过重组质粒的烟草叶片直接染色。

(5) 重悬菌液于室温下放置 3 h 后，用 1 mL 注射器取掉针头吸取混合菌液(含 Marker)，从烟草叶片背面注入叶片内，可以看到叶片有湿润的痕迹，并且会扩散至整个叶片都湿润。

（6）注射后的烟草于黑暗中培养过夜，再于光照下培养 48 h 后，剪取约 0.5 cm×0.5 cm 注射后的叶片组织，下表皮朝上放置在载玻片上，在叶片上滴 1~2 滴超纯水，盖上盖玻片（避免气泡的产生），将制好的样品置于激光共聚焦显微镜下，观察 GFP/YFP 信号。GFP 的激发波长 488 nm，发射波长 507 nm；YFP 的激发波长 514 nm，发射波长 527 nm；RFP 的激发波长 555nm，发射波长 583 nm；mCherry 的激发波长 580 nm，发射波长 610 nm；DAPI 的激发波长 358 nm，发射波长 461 nm。

六、实验结果与分析

通过观察目的基因融合荧光蛋白的荧光是否与不同亚细胞结构的 Marker 荧光重合，确定目的基因的表达部位。例如，AcTTG1、RsTIP1;3 和 CER1 亚细胞定位分析如图 19-1~图 19-3 所示。

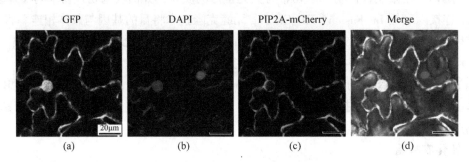

图 19-1　AcTTG1 亚细胞定位分析
（a）目的基因定位；（b）植物细胞核染色；（c）定位于细胞质膜的 Marker；（d）复合场

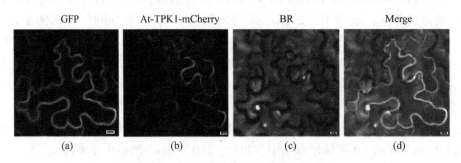

图 19-2　RsTIP1;3 亚细胞定位分析
（a）目的基因定位；（b）定位于液泡膜的 Marker；（c）明场；（d）复合场

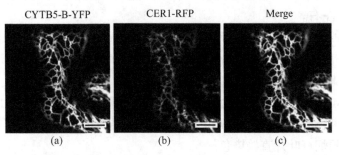

图 19-3　CER1 亚细胞定位分析（Pascal et al, 2019）
（a）定位于内质网的 Marker；（b）目的基因定位；（c）复合场

第二部分：洋葱表皮细胞瞬时表达

三、实验仪器和耗材

1. 实验仪器

同第一部分：烟草表皮细胞瞬时表达。

2. 实验耗材

离心管(1.5~50 mL)、PCR管、剪刀、枪头、乳胶手套、镊子、手术刀等。

四、实验材料和试剂

1. 实验材料

新鲜植物组织的cDNA、新鲜洋葱。

2. 实验试剂

(1) 亚细胞定位载体的构建　同第一部分烟草表皮细胞瞬时表达。

(2) 洋葱表皮细胞瞬时表达　无菌超纯水、无水乙醇、根癌农杆菌GV3101或EHA105菌株、LB固体培养基、LB液体培养基、乙酰丁香酮、蔗糖、MS培养基、$MgCl_2$、MES、Kan、Gent、Rif、Marker：Vacuolar-CFP质粒(液泡膜)等。

五、实验步骤与方法

1. 亚细胞定位载体的构建

同第一部分：烟草表皮细胞瞬时表达。

2. 重组质粒转化农杆菌

同第一部分：烟草表皮细胞瞬时表达。

3. 洋葱培养

将新鲜洋葱放于超纯水中浸泡过夜，第二天上午剥离鳞茎，在超净工作台中，选取洋葱鳞茎，用75%乙醇浸泡后，用无菌超纯水洗涤多次，直至将乙醇清洗干净。用灭过菌的手术刀切取多块大约1 cm×1 cm的方块，再用镊子撕下洋葱内表皮置于MS固体培养基上，28℃黑暗培养24 h。

4. 转化洋葱

将处理过的洋葱内表皮置于Marker重悬液与重组质粒重悬液(1∶1)混合液中20 min(重悬液的制备与第一部分：烟草表皮细胞瞬时表达一致)，再用灭过菌的滤纸吸取内表皮表面菌液并平铺在MS固体培养基上，25℃(16 h光照/8 h黑暗)培养24 h。

5. 制片观察

把培养好的洋葱表皮放置在载玻片上，在上面滴1~2滴超纯水，盖上盖玻片。在激光共聚焦显微镜下观察并拍摄照片。GFP的激发波长488 nm，发射波长507 nm；YFP的激发波长514 nm，发射波长527 nm；CFP的激发波长434 nm，发射波长477 nm。

注意：整个观察过程尽量在黑暗条件下进行，防止荧光淬灭。

六、实验结果与分析

目的基因重组质粒转化洋葱表皮细胞时,应同时转化 Marker 蛋白,更精准地确定目的基因的亚细胞定位。例如,HvHVP10 亚细胞定位分析如图 19-4 所示。

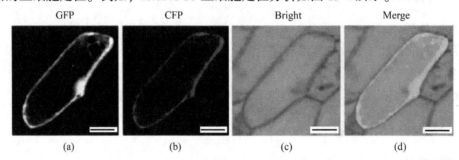

图 19-4　HvHVP10 亚细胞定位分析(Fu et al, 2021)
(a) 目的基因定位;(b) 定位于液泡膜的 Marker;(c) 明场;(d) 复合场

【参考文献】

于一帆,朱小彬,葛会敏,等,2014. 基于绿色荧光蛋白瞬时表达的植物亚细胞定位方法[J]. 江苏农业科学,42(12):58-61.

高文,谢从华,2016. 马铃薯 *StRab* 蛋白序列特征和亚细胞定位分析[J]. 西北农业学报,25(8):1180-1186.

孟祥潮,刘国富,刘莹,等,2016. 通用型植物 GFP 标签蛋白表达载体的构建和蛋白质的细胞内定位研究[J]. 中国生化药物杂志,36(5):28-31.

王茜,吴佳海,陈莹,等,2022. 高茅草 *FeTOC1* 基因的克隆、差异表达及亚细胞定位分析[J]. 核农学报,36(2):302-312.

巫群,李永亮,邹肖肖,等,2021. 小麦 *TaZFP33* 基因克隆、生物信息学分析、亚细胞定位与表达分析[J]. 生物学杂志,38(6):9-14.

FU L B, WU D Z, ZHANG X C, et al, 2022. Vacuolar H^+-pyrophosphatase HVP_{10} enhances salt tolerance via promoting Na^+ translocation into root vacuoles[J]. Plant Physiology, 188(2):1248-1263.

PASCAL S, BERNAD A, DESLOUS P, et al, 2019. Arabidopsis CER1-LIKE1 functions in a cuticular very-long-chain alkane-forming complex[J]. Plant Physiology, 179(2):415-432.

【拓展阅读】

绿色荧光蛋白

1962 年,美籍日裔科学家下村修等人在水晶果冻水母(*Aequorea victoria*)中首次发现并纯化了一种能够在蓝光或紫外光激发下发出绿色荧光的蛋白,命名为绿色荧光蛋白(green fluorescent protein,GFP)。1994 年,美国科学家马丁·查尔菲通过基因重组的技术发现 GFP 可以在活细胞中发出荧光,并在实验中成功表达出了 GFP 基因。同年,华裔美国科学家钱永健等人开始改造 GFP,使其更易作为标记物应用于各类实验,并在此基础上还发展出了红色、蓝色和黄色荧光蛋白。2008 年,诺贝尔奖委员会将化学奖授予下村修、马丁·查尔菲和钱永健三位科学家,以表彰他们发现并发展了绿色荧光蛋白技术。GFP 可以当作荧光标签与编码某种蛋白质的基因相融合,利用荧光显微镜就可以在表达这种融合蛋白的活细胞中,观察到该蛋白的动态变化,判断其发挥功能的场所,并确定它的亚细胞定位。

实验 20　荧光素酶互补实验检测蛋白互作

一、实验目的

学习荧光素酶互补实验(luciferase complementation assay，LCA)的原理和方法。

二、实验原理

蛋白质构成生命体的基本组分，是细胞活性及功能的执行者。蛋白质之间的相互作用在生命活动中扮演极其重要的角色，发现蛋白质之间的相互作用及功能将有助于解析特定生命过程。荧光素酶互补实验具有灵敏度高、操作简单等特点，已被广泛应用于植物学蛋白质互作研究(Zhou et al.，2018)。目前，应用最为广泛的是荧光素酶基因，该基因编码的蛋白大小约为 62 kDa，由 550 个氨基酸组成。在实验体系中，该蛋白被分为两个不发光的肽段：NLuc(荧光素酶蛋白 N 端功能片段)和 CLuc(荧光素酶蛋白 C 端功能片段)，实验中分别与待检测的两个目标蛋白融合，当两个目标蛋白存在相互作用时，荧光素酶的 NLuc 和 CLuc 在空间上就会靠近并正确组装，进而产生荧光素酶活性，在 Mg^{2+}、ATP、O_2 的参与下，催化 D2 荧光素(D2-luciferin)氧化脱羧，产生激活态的氧化荧光素，并放出光子，产生 550~580 nm 的荧光(Chen et al，2008)。

三、实验仪器和耗材

1. 实验仪器

离心机、PCR 仪、电穿孔仪、酶标仪、移液枪、发光仪、液氮罐。

2. 实验耗材

离心管(1.5 mL)、96 孔板、注射器(1 mL)、枪头、乳胶手套、研钵、剪刀等。

四、实验材料和试剂

1. 实验材料

实验材料为 4 周苗龄的本氏烟草(*Nicotiana benthamiana*)，植物的 cDNA、荧光素酶互补载体 pCAMBIA1300 - NLuc(pNL)质粒、pCAMBIA1300 - CLuc(pCL)质粒、农杆菌(GV3101)。

2. 试剂

蛋白提取液、LB 培养基、1/2 MS 液体培养基、乙酰丁香酮、荧光素(100 mmol/L 母液于-80℃保存，工作浓度为 1 mmol/L)。

五、实验步骤与方法

1. 报告基因质粒的构建

(1)以拟南芥的 cDNA 为模板克隆 *JAZ*、*BHLH13*、*GL1*、*GL3* 和 *DEELA* 基因，通过

Gateway 克隆技术将 *BHLH13* 和 *DEELA* 连接至 pCAMBIA1300-CLuc，将 *JAZ*、*GL1*、*GL3* 连接至 pCAMBIA1300-NLuc 载体上，获得 pCAMBIA1300-NLuc-JAZ、pCAMBIA1300-CLuc-BHLH13、pCAMBIA1300-NLuc-GL3、pCAMBIA1300-NLuc-GL1 和 pCAMBIA1300-CLuc-DEELA 基因的重组质粒。

(2)将上述构建好的重组质粒分别电击转化农杆菌感受态细胞(GV3101)，30℃培养 2 h，涂于 LB 固体培养基上(内含 50 μg/mL Kan)，30℃培养 2 d(Potter and Heller, 2011)，PCR 筛选阳性克隆后，传代培养用于烟草转化。

2. 转染烟草细胞

(1)挑取转化有重组质粒、PCR 鉴定为阳性的农杆菌单菌落，接种到 5 mL LB 液体培养基中(含 50 μg/mL Kan 和 50 μg/mL Gent)，30℃，220 r/min 过夜培养。

(2)当农杆菌培养 OD_{600} 为 1.0 时，2000 r/min 离心 10 min 收集菌体，并用 1/2 MS 液体培养基清洗菌体 2~3 次；用 1/2 MS 液体培养基(含有 150 μmol/L 乙酰丁香酮)重悬菌液至 OD_{600} 值为 1.0。

(3)将实验组和对照组的农杆菌菌液按照 1∶1 体积比进行混合。

阳性对照：pCAMBIA1300-CLuc-BHLH13 和 pCAMBIA1300-NLuc-JAZ。

阴性对照：pCAMBIA1300-CLuc 和 pCAMBIA1300-NLuc。

实验组①：pCAMBIA1300-CLuc-DEELA 和 pCAMBIA1300-NLuc-GL1。

实验组②：pCAMBIA1300-CLuc-DEELA 和 pCAMBIA1300-NLuc-GL3。

(4)选取生长期 1 个月左右完全伸展的烟草叶片[图 20-1(a)]，将混合好的实验组和对照组菌液分别用 1 mL 注射器(去掉针头)在烟草叶背面的不同区域进行注射[图 20-1(b)]。为了实验结果的一致性，保证相同的生长背景，在同一叶片的不同区域分别注射对照组和实验组；重复注射 3~5 片烟草叶片作为生物学重复[图 20-1(c)]。

(5)温室培养 48 h 后取样观察。为了提高蛋白在烟草叶片中的表达效率，需要通过加盖以便维持一定的湿度。

图 20-1 不同处理的烟草照片
(a)注射前的烟草；(b)注射过程中的烟草；(c)荧光检测前的烟草

3. 荧光素酶活性观察

(1)蛋白互作定性分析 主要利用植物活体分子影像系统(CCD imaging system)扫描烟草叶片，蛋白间的互作使荧光素酶亚基正确组装，从而分解荧光素产生的荧光以图像的形式呈现出来，简单直观(Lin et al, 2015)。

①选取已注射农杆菌 48 h 后的阳性对照组、阴性对照组和实验组烟草叶片，用含 1 mmol/L 荧光素底物荧光素的反应液喷湿叶片背面，并将烟草植株黑暗处理 10 min。

②截取注射部位的烟草叶片，将叶片背面向上置于培养皿中，移入植物活体成像系统中检测发光情况[图 20-1(c)]。如果实验组检测到荧光，而阴性对照组未检测到荧光即说明待测蛋白之间存在互作。

③调整植物活体成像系统的曝光度并拍照，荧光素酶催化荧光素发光的最强发光波长为 560 nm，结果如图 20-2 所示。

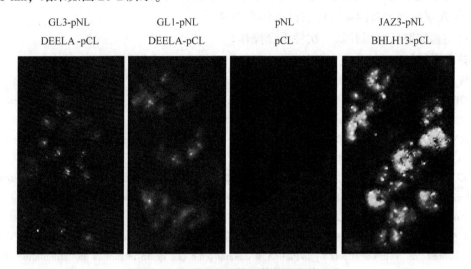

图 20-2　不同处理组的烟草荧光照片观察

(2) 蛋白互作强度分析　主要通过酶标仪检测荧光素酶的活性来判定蛋白之间互作的强度(Luker et al, 2004)。

①提取烟草叶片蛋白：取 0.5 g 左右注射部位的烟草叶片，低温研磨，加入 500 μL 裂解液，冰浴 20 min 待充分裂解后，10 000~15 000 r/min 离心 3~5 min，取上清液用于荧光素酶活性的测定。

②溶解荧光素酶检测试剂，使其达到室温。

③取 100 μL 上清，加入 25 μL 融化至室温的荧光素酶检测试剂，振荡混匀。

④通过酶标仪测定酶活动力学曲线，每隔 30 min 扫描一次，共连续扫描 3 h。

⑤数据处理：绘制不同样品的酶活动力学曲线。

六、注意事项

(1) 为保证荧光素酶检测试剂的稳定性可以采取适当分装后避光保存的方法，以免反复冻融和长时间暴露于室温。

(2) 为了取得最佳检测效果，同一批样品最好保证相同的测定时间。

(3) 为了保证融合蛋白质的正确表达，构建的重组质粒要通过测序保证目标基因与报告基因在同一个编码框；另外，需要考虑选择目标蛋白的哪一个末端与报告蛋白进行融合，如 NLuc 只能位于目标蛋白的 C 末端，而 CLuc 即可以位于目标蛋白的 N 末端，也可以位于目标蛋白的 C 末端。

（4）首先要检测蛋白的表达情况，只有确定融合蛋白都可以正确表达，才能判断目标蛋白之间是否存在相互作用。如果待测蛋白没有表达，正负对照都正常表达，结果就会出现假阴性。

（5）温度对酶的活性有影响，因此，样品和试剂都必须达到室温后才能测定。

（6）为了取得最佳测定效果，不同样品与测定试剂混合的时间尽量控制在较短的时间内。

（7）为了避免不同农杆菌侵染烟草细胞效率的差异而带来的误差，可以同时转入 Renilla 荧光素酶报告基因质粒的农杆菌作为内参。

（8）实验需穿实验服并戴一次性手套操作。

【参考文献】

赵燕，周俭民，2020. 萤火素酶互补实验检测蛋白互作[J]. 植物学报，55(1)：69.

ZHOU Z, BI G, ZHOU J M, 2018. Luciferase complementation assay for protein-protein interactions in plants[J]. Current Protocols in Plant Biology, 3(1)：42-50.

CHEN H, YAN H, SHANG Y, et al, 2008. Firefly luciferase complementation imaging assay for protein-protein interactions in plants[J]. Plant Physiology, 146(2)：368-376.

LUKER K E, SMITH M C P, LUKER G D, et al, 2004. Kinetics of regulated protein-protein interactions revealed with firefly luciferase complementation imaging in cells and living animals[J]. Proceedings of the National Academy of Sciences, 101(33)：12288-12293.

LIN A, TRUONG B, PAPPAS A, et al, 2015. Uniform nanosecond pulsed dielectric barrier discharge plasma enhances anti-tumor effects by induction of immunogenic cell death in tumors and stimulation of macrophages[J]. Plasma Processes and Polymers, 12(12)：1392-1399.

【拓展阅读】

会发光的小精灵

荧光素酶(luciferase)是指能够产生生物荧光的酶，其中最有代表性的是萤火虫体内的荧光素酶。萤火虫萤光素酶具备的生物发光特性、极高的灵敏度和快速简单的检测流程等特点，可作为一种新兴报告基因技术，是发展生物分析的有力平台。1990 年 12 月，第一代萤火虫萤光素酶报告基因载体和检测试剂在 Promega 公司诞生，使这项新技术正式并更广泛地为全球研究人员服务。目前，基于荧光素酶的互作分析技术的研发主要在两个方面：一是荧光素酶的定向进化，研究人员从虾的荧光素酶改造设计出一种小分子(19 ku)单体酶新型荧光素酶报告基因，即 NanoLuc® 荧光素酶，其灵敏度比萤火虫或海肾荧光素酶系统高约 100 倍，应用前景巨大；二是新型底物开发，随着对萤火虫荧光素酶化学反应的进一步了解，Promega 公司生物学家与化学家一起，在 luciferin 基础上开发新的底物——fluoroluciferin，能够更好地用于典型报告基因的检测。

实验 21　草类植物 SSR 分子标记技术及其杂交种鉴定

一、实验目的

学习 SSR 分子标记技术鉴定草类植物杂交种的原理和方法。

二、实验原理

杂交育种是培育高产、优质和高抗牧草新品种的重要育种技术之一。牧草在人工杂交过程中易造成生物学混杂，因此杂交种真实性鉴定尤为重要。简单重复序列（simple sequence repeats，SSR）又称微卫星，是由 1~6 个核苷酸为基本重复单位组成的串联重复序列，在生物基因组中分布广泛、均匀、多态性好、重复性高、呈共显性，由于生物个体间每个基因位点上重复类型和重复次数的不同而造成位点的多态性。SSR 分子标记是一种理想的二代分子标记技术，在杂交种真实性鉴定中，可根据标记在双亲和杂交种间扩增条带的多态性对杂交种进行真实性鉴定，可提高育种效率，加快杂交品种选育。

三、实验仪器和耗材

1. 实验仪器

台式离心机、PCR 仪、振荡摇床、电子天平、垂直电泳槽、电泳仪、液氮罐、移液枪。

2. 实验耗材

离心管（1.5 mL）、96 孔 PCR 板、移液枪、枪头、乳胶手套、研钵、剪刀等。

四、实验材料和试剂

1. 实验材料

亲本植株和杂交 F1 代植株的新鲜幼嫩叶片。

2. 实验试剂

（1）PCR 反应液　植物模板 DNA、上下游引物、dNTP、Mg^{2+}、*Taq* DNA 聚合酶、超纯水。

（2）银染液　0.08%~0.1% $AgNO_3$ 溶液。

（3）显影液　4 mL 甲醛、15 g NaOH，加超纯水配成 1 L 溶液。显影液配好后，放 4℃ 冰箱预冷。

（4）固定液　无水乙醇 50 mL，冰醋酸 2.5 mL，超纯水 447.5 mL。配制成 10% 乙醇、0.5% 冰醋酸的固定液。

（5）6% 聚丙烯酰胺凝胶母液

①10× TBE 母液：108 g Tris、7.44 g Na_2EDTA、55 g 硼酸，添加超纯水配成 1 L 10×

TBE 母液，实验用电泳缓冲液为 1×TBE。

②100 mL 40% Acr-Bis 母液：38 g Acr、2 g Bis。

配制不同体积的 6% 聚丙烯酰胺凝胶母液见表 21-1 所列。

表 21-1　6% 聚丙烯酰胺凝胶母液配制及制胶时不同体积所需催化剂和固定剂

体积/mL	6%聚丙烯酰胺凝胶母液			催化剂	凝固剂
	尿素/g	10×TBE/mL	40%Acr-Bis/mL	10% $(NH_3)_2S_2O_3$/mL	TEMED/μL
100	12	10	15	1.0	67.5
200	24	20	30	2.0	135
500	60	50	75	5.0	337.5
1000	120	100	150	10	675

五、实验步骤与方法

1. DNA 提取

参照实验 1 草类植物 DNA 提取。

2. PCR 常规反应体系和扩增程序

（1）PCR 反应体系　一般在 25 μL 体积里，加入 50~100 ng 基因组 DNA、终浓度为 0.2 mmol/L dNTPs、1.5 mmol/L $MgCl_2$/Mg^{2+}、筛选的多态性 SSR 上下游引物各 250 nmol/L、1.0 U Taq DNA 聚合酶、1× PCR 缓冲液，超纯水补足体积（图 21-1）。在具体实验中需要根据物种对反应体积和 PCR 各组分浓度进行筛选获得最佳 PCR 反应体系。

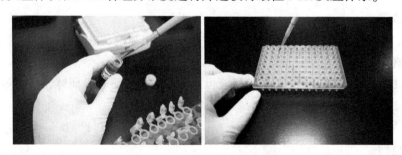

图 21-1　PCR 反应液配制

（2）PCR 扩增程序　94℃ 2 min 预变性，94℃ 0.5~1 min 变性，50~65℃ 0.5~1 min 复性（退火）（根据具体引物的序列设置所需的退火温度），72℃ 2 min 延伸，循环 30~40 次；72℃ 7~10 min，4℃ 保存。

3. 电泳

（1）封底　装好电泳玻板后斜靠，根据表 21-1 配制 6% 聚丙烯酰胺凝胶母液，加入适量的过硫酸铵、TEMED，快速搅拌防止凝结，倒入长玻璃板一侧 2~3 cm 高（每板 5~8 mL 胶），封底。10~20 min 后，待胶凝固后，安装电泳槽。

（2）制胶　根据所需体积在 6% 聚丙烯酰胺凝胶母液中，加入适量的过硫酸铵和 TEMED，搅拌后缓缓灌胶防止玻璃板间存留气泡。胶凝固前在玻璃板的中间部位迅速插好梳子，防止梳子齿底部留有气泡。

(3)点样　先用小的注射器反复重洗点样孔,将加有变性上样缓冲液的 PCR 扩增产物混匀后点样,每孔上样量为 6~10 μL(图 21-2)。

(4)电泳　在电泳槽中加入适量的 1×TBE 电泳缓冲液,点样前 200 V 预电泳 20 min。400 V 恒压电泳 1.5~2 h,至二甲苯青条带泳至胶底部约 3/4 处停止电泳。

图 21-2　电泳槽组装、清洗梳孔和点样

4. 电泳条带检测

(1)脱色与固定　将胶放在 2 L 固定液中,轻摇至指示剂无色(约 10 min)。然后用蒸馏水洗 2 次,每次 5 min。

(2)银染　将胶转移到 2 L 银染液中,避光染色 10 min,期间轻轻摇动。

(3)显影与定影　将染色后的胶用蒸馏水漂洗 5~10 s,放入显影液里轻摇至 DNA 条带显出(图 21-3)。条带显出后放入固定液定影 5 min。用蒸馏水冲洗后晾干胶版,照相保存条带。

图 21-3　凝胶显影

六、实验结果与分析

根据杂交亲本及其杂交种的电泳谱带特征,对杂交种进行鉴定。并将后代分为如下两类(图 21-4):①父本和母本具有特征带,后代同时具有父母本特征带则后代为真杂交种。②父本与母本有特征带,后代如只具有父本特征带也可判定为真杂种。为保证鉴定结果的准确性,可以利用 2~3 对引物对父母本和杂交种进行鉴定相互验证。

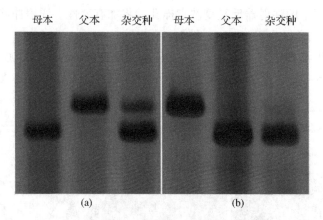

图 21-4　亲本和杂交种真实性鉴定电泳图
(a) 杂交种为双亲互补型；(b) 杂交种为父本型

七、注意事项

(1) 在保证 PCR 反应体系各组分浓度不变的情况下，可以对 PCR 反应体积进行调整，如 10 μL、20 μL、30 μL 等，但不宜低于加样量。

(2) 部分实验试剂如 Acr 和 Bis 有毒，实验过程全程戴好手套、口罩、穿好实验服。Bis 需要黑暗、低温和玻璃瓶保存。

(3) SSR 反应体系和 PCR 扩增程序需要根据研究草种进行优化，常见牧草及草坪草 SSR 反应体系和 PCR 扩增程序见表 21-2 所列。

(4) 实验结束后实验垃圾放在指定回收桶中。

表 21-2　常见牧草和草坪草 SSR 反应体系和 PCR 扩增程序

物种	PCR 反应体系	PCR 扩增程序
多花黑麦草 (*Lolium multiflorum*)	20 μL 体系： PCR-Mix 10 μL， 模板 DNA 2 μL (10 ng/μL)， 上下游引物各 0.8 μL (10 pmol/μL)， *Taq* DNA 聚合酶 0.4 μL (2.5 U/μL)，超纯水补足体积	反复复性变温法： 94℃预变性 4 min， 94℃变性 1 min， 35℃复性 1 min， 72℃延伸 1 min， 共 5 个循环； 94℃变性 1 min， 50℃复性 1 min， 72℃延伸 1 min 共 35 个循环； 72℃延伸 10 min， 4℃保存

(续)

物种	PCR 反应体系	PCR 扩增程序
早熟禾 (*Poa pratensis*)	总体积 25 μL： 模板 DNA 1 μL(50 ng/μL) 10× PCR 缓冲液 2.5 μL(含 Mg^{2+})， dNTP 2.0 μL(2.5 mmol/μL)， *Taq* DNA 聚合酶 0.3 μL(5 U/μL)， 上下游引物均为 0.5 μL(10 μmol/μL)，超纯水 18.2 μL	94℃预变性 5 min； 94℃变性 30 s， 50~55℃复性 30 s， 72℃延伸 30 s， 共 30 个循环； 72℃延伸 10 min， 4℃保存
紫花苜蓿 (*Medicago sativa*)	总体积 25 μL： 模板 DNA 1 μL， 上下游引物各 0.5 μL， dNTP 0.5 μL(10 mmol/L)， 10× PCR 缓冲液 2.5 μL， Mg^{2+} 2.0 μL(25 mmol/L)， *Taq* DNA 聚合酶 0.2 μL(5 U/μL)， 超纯水 17.8 μL	95℃预变性 3 min， 95℃变性 30 s， 60℃复性 30 s， 72℃延伸 30 s， 共 10 个循环； 95℃变性 30 s， 55℃复性 30 s， 72℃延伸 30 s， 共 20 个循环； 72℃延伸 6 min， 4℃保存
白三叶 (*Trifolium repens*)	反应体系 20 μL： 模板 DNA 20 ng， 上下游引物各 0.6 μL(0.1 mmol/μL)， dNTP 1.6 μL(2.5 mmol/L)， 10× PCR 缓冲液 2 μL， Mg^{2+} 2.4 μL(25 mmol/L)， *Taq* DNA 聚合酶 0.1 μL(2.5 U/μL)， 超纯水补足 20 μL	94℃预变性 5 min， 94℃变性 30 s， 55℃复性 1 min， 72℃延伸 1 min， 共 40 个循环； 72℃延伸 5 min， 4℃保存
老芒麦 (*Elymus sibiricus*)	反应体系 15 μL： 模板 DNA 50 ng， 7.5 μL 2× Reaction Mix， 上下游引物各 0.5 μL(10 μmol/L)， *Taq* DNA 聚合酶 0.2 μL(2.5 U/μL)， 4.3 μL 超纯水	94℃变性 30 s， 60~65℃复性 30 s， 72℃延伸 1 min， 共 5 个循环； 94℃变性 30 s， 60℃复性 30 s， 72℃延伸 1 min， 共 30 个循环； 72℃延伸 10 min， 4℃保存

注：PCR 反应体系各组分的单位和参考文献保持一致。

【参考文献】

赵欣欣,张新全,苗佳敏,等,2013.多花黑麦草杂交种SSR分子标记鉴定及表型比较分析[J].农业生物技术学报,21(7):811-819.

赵闫闫,喻凤,李媛,等,2016.18个早熟禾品种SSR指纹图谱的构建[J].草原与草坪,36(1):31-34.

强海平,余国辉,刘海泉,等,2014.基于SSR标记的中美紫花苜蓿品种遗传多样性研究[J].中国农业科学,47(14):2853-2862.

李莉,吴永洁,王元素,2017.基于SSR标记的贵州野生白三叶遗传多样性分析[J].种子,36(11):4-9.

XIE W G, ZHAO X H, ZHANG J Q, et al, 2015. Assessment of genetic diversity of Siberian wild rye (*Elymus sibiricus* L.) germplasms with variation of seed shattering and implication for future genetic improvement[J]. Biochemical Systematics & Ecology, 58: 211-218.

【拓展阅读】

杂交育种

杂交育种是创制新种质、培育新品种的重要育种技术。分子标记杂交种真实性鉴定可加快杂交育种进程。除了本实验介绍的SSR分子标记以外,其他分子标记技术(如RAPD,ISSR,SRAP,RFLP等)也用于不同物种杂交种真实性鉴定。

此外,SSR分子标记除用于杂交种真实性鉴定外,也可用于构建新品种分子标记指纹图谱,在分子层面上准确鉴别不同品种,是新品种DUS(distinctness特异性,uniformity一致性,stability稳定性)测试的重要内容。

相关内容可参考:程少波,宋阳,杨巽喆,等,2021.一年生黑麦草遗传多样性分析及新品系'川饲1号'指纹图谱构建[J].草业科学,38(12):2381-2389.

实验 22　草类植物 SSR 分子标记的群体遗传学分析

一、实验目的

以 SSR 分子标记为例，学习利用分子标记数据进行草类植物群体遗传学分析的原理和方法。

二、实验原理

1. 分子标记的原理

植物在长期进化过程中，属、种间甚至不同生态型间同源 DNA 序列表现出差异，通过限制性内切酶酶切、PCR 或直接测序等现代分子生物学技术手段来揭示和检测植物个体间的 DNA 序列变异，这种序列变异不受环境的影响，数量众多、覆盖整个基因组，可作为个体及其性状的标志，称为分子标记(molecular marker)，被广泛用于遗传多样性、基因定位、品种分子指纹、系统发育等方面的研究。其中，以 SSR(simple sequence repeats)、SRAP(sequence related amplified polymorphism)、AFLP(amplified fragment length polymorphism)等基于 PCR 的分子标记成本较低、方法简便，且在基因组中普遍存在、标记变异大，是研究草类植物属间、种间及品种间群体遗传结构的有效手段。

2. SSR 标记的原理

SSR 又称微卫星(microsatellites)，是在高等生物基因组中大量存在的一类由几个核苷酸(1~6 bp)组成的重复单元(motif)串联重复而成的 DNA 序列，不同个体间 SSR 的变异来源于这种重复单元数目的变异。根据 SSR 座位两端的侧翼保守序列设计一对特异引物，通过 PCR 扩增 SSR 序列，扩增产物经聚丙烯酰胺凝胶或琼脂糖凝胶电泳，获取不同个体在该座位上的多态性，即迁移率不同的条带视为不同的复等位基因。SSR 在基因组中分散分布、多态性丰富、重复性好、呈共显性，可以鉴定杂合子和纯合子，是目前最常用的低成本遗传标记。

三、实验仪器和耗材

1. 实验仪器

离心机、PCR 仪、振荡摇床、电子天平、移液枪、垂直电泳槽、电泳仪、液氮罐。

2. 实验耗材

离心管(1.5 mL)、96 孔 PCR 板、枪头、乳胶手套、研钵、剪刀等。

四、实验材料和试剂

1. 实验材料

紫花苜蓿品种群体(如'中苜 4 号''甘农 1 号'等)和多花黑麦草品种群体(如'长江 2

号''特高''剑宝'等），每个品种群体至少10个单株的叶片或幼苗。

2. 药品试剂

（1）PCR 试剂　植物模板 DNA、上下游引物、超纯水、dNTP、Mg^{2+}、Taq DNA 聚合酶等。

（2）聚丙烯酰胺凝胶电泳

①10× TBE 母液：108 g Tris，55 g 硼酸，7.44 g Na_2EDTA，添加超纯水配成 1 L 的 10× TBE 母液，实验用电泳缓冲液为 1× TBE。

②100 mL 40% Acr-Bis 母液：称取 38 g Acr 和 2 g Bis，加超纯水定容至 100 mL，滤纸过滤后转入棕色瓶，4℃保存。

③TEMED（N,N,N',N'-四甲基乙二胺）（增速剂）和 20%过硫酸铵溶液。

④银染液：0.08%~0.1% $AgNO_3$ 溶液（黑暗保存）。

⑤显影液：4 mL 甲醛、15 g NaOH，加超纯水配成 1 L 溶液。显影液配好后，放4℃冰箱预冷。

五、实验步骤与方法

1. DNA 提取

对每个单株分别提取 DNA，具体操作参照实验 1 草类植物 DNA 提取。各样品 DNA 浓度调至 20 ng/μL。

2. PCR 扩增

（1）PCR 反应体系　PCR 反应总体积为 25 μL：模板 DNA 1 μL、10×缓冲液 2.5 μL、上下游引物各 1.5 μL（10 mmol/L）、Taq DNA 聚合酶 0.2 μL（5 U/μL）、dNTP 混合液 2 μL（各 2.5 mmol/L）、超纯水 16.3 μL。紫花苜蓿和多花黑麦草引物信息见表 22-1、表 22-2 所列。

表 22-1　紫花苜蓿 SSR 引物信息

引物名称	产物长度/bp	上游引物（5'-3'）	下游引物（5'-3'）	退火温度/℃
MTIC451	162~204	GGACAAAATTGGAAGAAAAA	AATTACGTTTGTTTGGATGC	55
MTIC189	133~173	CAAACCCTTTTCAATTTCAACC	ATGTTGGTGGATCCTTCTGC	55
MAA660456	133~165	GGGTTTTTGATCCAGATCTTAA	GGTGGTCATACGAGCTCC	55
MTIC93	131~137	AGCAGGATTTGGGACAGTTGT	ACCGTAGCTCCCTTTTCCA	55
MTIC299	143~158	AGGCTGTTGTTACACCTTTGTC	AAATGCTTAAATGACAAAT	50

表 22-2　多花黑麦草 SSR 引物信息

引物名称	产物长度/bp	上游引物（5'-3'）	下游引物（5'-3'）	退火温度/℃
00-04A	219	TATGTGGGCTAAGCCCCACG	CTTTGGCGGGAACTCTACCG	63
01-02G	177	AAATCTCCCCAATCCGGTCG	CCTGATCTGTGGATTCCCCG	65
01-02H	161	CAGTTGCAAAGCCGATTTCG	ACAGTTGGAGTTAACCCCATAGTCA	65
01-06D	174	CACGTTCAGCCGGCTAGAGA	AAGATCGCTACGACCTGCGC	67
02-05G	197	GCAGTGGCTCCAGTGGCTTT	ACGGCTGGGAATCCACACTC	65

(2) PCR 扩增程序　94℃ 2 min 预变性，94℃ 30 s~1 min 变性，50~65℃ 30 s~1 min 复性(退火，根据引物设置所需的退火温度)，72℃ 2 min 延伸，循环数为 30~40；72℃ 7~10 min，4℃ 保存。

3. 凝胶电泳

(1) 聚丙烯酰胺凝胶制备

①封胶：将平口玻璃板和凹口玻璃板放在桌面支撑物(玻璃板架或瓶盖)上，灌胶面朝上，滴无水乙醇于板面上，称量纸擦拭干净后阴干(或用电吹风气干)；待阴干后将玻璃板置于制胶条内，使玻璃板与制胶条结合完全，然后将玻璃面呈 60°倾斜放在支撑物上，四周用夹子夹紧；将浓度为 30 g/L 琼脂糖溶液均匀地滴入制胶条与平面玻璃板结合部，整个过程要迅速，5~10 min 后琼脂糖溶液凝固完全，完成封胶。

②配胶、灌胶、凝胶：将母液逐一按量加入烧杯中混匀，由多到少的顺序将 40% Acr-Bis、10× TBE 电泳缓冲液和超纯水加入烧杯中充分混匀，然后加入 20% 过硫酸铵溶液和 TEMED，再用玻璃棒混匀；按照玻璃板大小和厚度计算凝胶用量，这里按配制 40 mL 8% 聚丙烯酰胺凝胶，各组分比例如下：8 mL 30% Acr-Bis、4 mL 10× TBE 缓冲液、28 mL 超纯水、200 μL 20% 过硫酸铵溶液和 20 μL TEMED；配制后将胶液沿着凹口缓缓倒入两个玻璃板的夹层中，缓慢插入与胶厚度一致的梳子(倒胶与插梳子过程中要避免产生气泡)，待胶完全凝固，获得聚丙烯酰胺凝胶；胶凝固后，取出胶四周的板条，将双层玻璃板放入电泳槽，避免胶底端与缓冲液相接处产生气泡，将玻璃板固定于电泳槽上，再往槽内加入适量 1× TBE 电泳缓冲液，使下槽缓冲液至少与胶下边缘相平齐，上槽缓冲液浸没梳子形成的点样孔处，轻轻拔去梳子，然后用电泳缓冲液冲洗点样孔，除去气泡。

(2) 电泳　向 25 μL PCR 扩增样品中加入 2 μL 5× 核酸染料(此步一般可在 PCR 扩增完成后进行，从而使溶液充分混合)，根据点样孔大小，每个样品上样 5~10 μL；最后点 Marker DNA；恒压电泳 90 min，保持电压恒定 300 V；当溴酚蓝染料接近胶底边缘或过胶底 10 min 后，电泳结束。

(3) 银染　关闭电泳仪，回收电泳缓冲液，拧开电泳槽旋钮，取出玻璃板后小心撬开其中的一层玻璃板，而胶仍贴在另一玻璃板上，然后开始银染显色，处理均在摇床上进行。

①固定：将凹面玻璃板放置在长方形盘内，加入 10% 冰醋酸，在摇床上缓慢摇动固定 15 min，然后回收固定液。

②漂洗：用蒸馏水冲洗 2 次，每次 2 min。

③染色：将固定好的凝胶放入 0.2% $AgNO_3$ 溶液中银染 12 min，保证摇床处于黑暗状态，然后回收硝酸银溶液。

④漂洗：用蒸馏水快速冲洗凝胶 3~4 次，每次 5 s。

⑤显影：把凝胶放入显影液中，先暗显色 3 min，再打开光源，观察凝胶显色情况，待出现清晰条带后，显色完成；用凝胶扫描仪或白灯箱照相。

六、实验结果与分析

1. SSR 条带数据记录

虽然 SSR 属共显性标记，但难以对同源四倍体的 SSR 扩增产物进行共显性统计(剂量统计），故一般采用显性标记的方式对 SSR 扩增条带进行记录，即有带记为"1"，无带记为"0"。具体数据记录方式如图 22-1 所示。

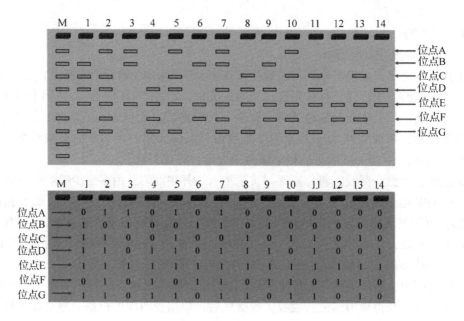

图 22-1　SSR 条带统计示意图
M. Marker；1~14. 样品扩增条带

2. 数据分析

（1）等位基因频率　等位基因频率计算方法见表 22-3 所列。对于显性标记，只能观察到两种基因型：AA+Aa 和 aa，即不能区分其中一种纯合子类型（AA）与杂合子类型（Aa）。凝胶图像仅能显示单个基因座的显性标记带模式，即每个个体显示一条带（AA+Aa）或无带（aa）。这些条带的记录方式与共显性标记相似：即有带记为"1"，无带记为"0"。

表 22-3　等位基因频率计算方法

表型	A_		aa	合计
基因型	AA	Aa	aa	
表型频率（期望）	p^2+2pq		q^2	1
个体数目 n	$n_1=84$		$n_2=16$	$n=100$
表型频率（观测）	$P_1=n_1/n=0.84$		$P_2=n_2/n=0.16$	1

$$q = \sqrt{n_2/n} = \sqrt{P_2} = \sqrt{0.16} = 0.4$$
$$p = (1-q) = 0.6$$

注：其中 p、q 分别为有带、无带的频率，P_1、P_2 分别为 A_ 和 aa 的观测频率。

(2) 引物(位点)的多态性　计算 PIC(polymorphic information content)和 Rp(resolving power)用于评价引物的多态性，计算公式如下：

$$PIC = 1 - q^2 - p^2, \quad Rp = \sum Ib$$

其中，$Ib = 1 - (2 \times |0.5 - P_i|)$，此处 P_i 为同一对引物每个扩增条带的 p 值(即有带的频率)。

(3) 供试群体多样性　采用 GenAlEx 软件进行 H(Nei's genetic diversity)以及 I(Shannon diversity index)的计算。此软件可以从 http://biology-assets.anu.edu.au/GenAlEx/Download.html 网址下载。GenAlEx 软件是在 Microsoft Excel 下使用。点击"GenAlEx 6.01b2.xlam"加载 GenAlEx 软件，Excel 提示"启用宏"，点击"启用"，即可将软件加载入 Excel。

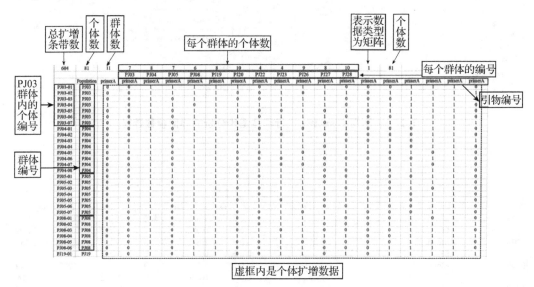

图 22-2　GenAlEx 数据格式

数据格式按图 22-2 设置。依次点击"Frequency-Based""Frequency"，选择"Binary (Diploid)"，接着勾选"Nei Distance"及"Nei Unbiased Distance"等(图 22-3)，即可得到每个群体的多样性参数(图 22-4)。这里 Nei Distance 表示群体间 Nei 氏距离，Nei Unbiased Distance 表示经群体大小校正后的无偏 Nei 氏距离，Frequency & Heterozygosity by Pop 表示按每个群体计算的等位基因频率及杂合度，Frequency & Heterozygosity by Locus 表示将所有个体视为一个群体时按位点计算的等位基因频率及杂合度。

(4) 群体分化分析　依次点击"Distance-Based""AMOVA"，采用默认设置，依次点击"OK"，可在"PhiPT" sheet 中得到群体间(Among Pops)以及群体内部(Within Pops)的分化系数(图 22-5)。根据群体间以及群体内部的分化系数即可知变异主要存在于群体内还是群体间。

(5) 主坐标分析　在进行主坐标分析前，要先进行遗传距离的计算。依次点击"Distance-Based""Distance""Genetic Distance Options"，勾选"Binary (Diploid)"，即可得到"GD" sheet。在此 sheet 点击"Distance-Based""PCoA"，即可得到 PCoA 图(图 22-6)。

图 22-3　利用 GenAlEx 进行群体遗传分析的界面参数选择

Pop				N	Na	Ne	I	He	uHe
PJ03	Mean			7.000	1.558	1.449	0.366	0.251	0.270
	SE			0.000	0.026	0.017	0.012	0.009	0.009
PJ04	Mean			8.000	1.546	1.429	0.355	0.242	0.258
	SE			0.000	0.026	0.016	0.012	0.009	0.009
PJ05	Mean			7.000	1.512	1.409	0.337	0.230	0.248
	SE			0.000	0.026	0.016	0.012	0.009	0.009
PJ08	Mean			6.000	1.505	1.419	0.339	0.233	0.254
	SE			0.000	0.026	0.017	0.012	0.009	0.010
PJ19	Mean			8.000	1.497	1.403	0.330	0.226	0.241
	SE			0.000	0.026	0.017	0.012	0.009	0.009
PJ20	Mean			10.000	1.497	1.383	0.320	0.217	0.228
	SE			0.000	0.026	0.016	0.012	0.009	0.009
PJ22	Mean			4.000	1.470	1.405	0.330	0.226	0.258
	SE			0.000	0.027	0.017	0.012	0.009	0.010
PJ23	Mean			4.000	1.348	1.331	0.269	0.184	0.211
	SE			0.000	0.028	0.017	0.012	0.009	0.010
PJ26	Mean			9.000	1.568	1.432	0.355	0.243	0.257
	SE			0.000	0.024	0.016	0.012	0.009	0.009
PJ27	Mean			8.000	1.497	1.408	0.334	0.229	0.244
	SE			0.000	0.027	0.017	0.012	0.009	0.009
PJ28	Mean			10.000	1.644	1.494	0.405	0.278	0.292
	SE			0.000	0.024	0.016	0.012	0.008	0.009
Grand Mean and SE over Loci and Pops									
				N	Na	Ne	I	He	uHe
Total	Mean			7.364	1.513	1.415	0.340	0.232	0.251
	SE			0.024	0.008	0.005	0.004	0.003	0.003

图 22-4　利用 GenAlEx 得到的分析结果样例

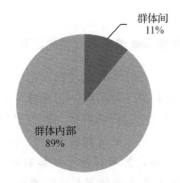

图 22-5 利用 GenAlEx 进行 AMOVA 分析的结果样例

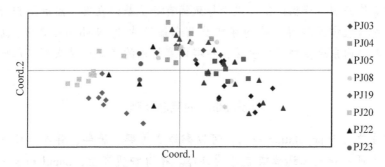

图 22-6 利用 GenAlEx 进行 PCoA 分析的结果样例

七、注意事项

（1）在保证 PCR 反应体系各组分浓度不变的情况下，可以对 PCR 反应体积进行调整，如 10 μL、20 μL、30 μL 等，但不宜低于加样量。

（2）部分实验试剂如 Acr、Bis 等有毒，实验过程全程戴好手套、口罩，穿好实验服。

（3）水的质量对染色效果影响极大，一般用超纯水或双蒸水。一般将显影液储存于 4℃，用时取出；显影液在 4℃ 长期放置容易结晶，一般使用前 1~2 d 配制即可。银染后在无离子水中的冲洗时间，一般在 10 s 左右，应小于 20 s，如果超过 20 s，应重新在 0.2% 的 $AgNO_3$ 溶液中重染。

（4）染色用的 $AgNO_3$ 溶液可以重复使用 6~7 次，每次适当延长银染时间，最后可以在废弃银液中加入 NaCl，使银以 $AgCl_2$ 沉淀便于回收；装 $AgNO_3$、显影液和固定液及定影液的盆不能混用。

【参考文献】

黄婷，马啸，张新全，等，2015. 多花黑麦草 DUS 测定中 SSR 标记品种鉴定比较分析[J]. 中国农业科学，48(2)：381-389.

FLAJOULOT S, RONFORT J, BAUDOUIN P, et al, 2005. Genetic diversity among alfalfa (*Medicago sativa*) cultivars coming from a breeding program, using SSR markers[J]. Theoretical & Applied Genetics, 111(7)：1420-1429.

【拓展阅读】

影响群体遗传多样性的因素

影响种群的遗传多样性的因素包括许多进化过程，主要是：遗传漂移、基因流、自然选择、突变、种群瓶颈、近亲繁殖和亚种群结构。①遗传漂移是指等位基因频率在世代间的随机变化，对于具有有限样本和多个世代的群体，遗传漂移可能会导致某些等位基因固定或灭绝。②基因流会带来新等位基因，这可能会消除种群间的遗传差异，但会增加种群内遗传变异。③自然选择会影响种群内的多样性，但影响取决于这些选择过程的性质（平衡选择）。④突变可以抵消等位基因多样性的损失，但自然突变非常罕见，而且群体繁衍过程中会通过纯化选择来消除有害突变。⑤种群瓶颈的出现导致有效种群数量的显著减少，这会导致等位基因多样性降低，进而导致稀有等位基因丧失，然后是种群杂合度的相继降低。⑥近亲繁殖和亚种群结构的存在及栖息地碎片化（Wahlund 效应）也会阻止基因流，进而导致种群内杂合度降低。当然，种群内多样性的降低反过来可能加剧种群间的遗传分化。

Population 的概念外延

特别需要注意的是 population 一词，可以翻译成种群、居群、群体，可以是自然野生状态的群体，也可以是人工选择或选育的群体。在育种研究上，population 一般指异质性群体，即群体内存在多个基因型的群体。对于异花授粉植物，一份种质资源（accession）可以看成一个群体，因为它是由多个不同的基因型所构成，尽管个体间的亲缘关系较近。

实验23 草类植物基因家族鉴定与分子进化分析

一、实验目的

近年来,基因组数据迅速积累,许多植物的基因组数据已经可以在公共数据库中查询、下载。本实验以紫花苜蓿为例,利用生物学信息学技术和在线网络工具,在全基因组水平鉴定紫花苜蓿TCP基因家族成员,系统地掌握草类植物基因家族鉴定和系统进化分析的方法,为进一步阐明基因的功能提供基础信息。

二、实验原理

基因家族(gene family)是指由共同祖先基因经过重复和突变产生的两个或更多具有序列相似性的一组基因。基因家族成员之间蛋白序列相似,进而导致蛋白结构与功能也具有明显的相似性。基因家族成员可以紧密排列在一起,形成一个基因簇;也可以分散在同一染色体的不同位置,或者存在于不同的染色体上。基因家族成员之间虽然序列相似,但可以具有不同的表达调控模式和生物学功能。基因家族研究的"关键步骤"是识别和确认基因家族成员,在这个步骤中需要设置有针对性的选择标准。大多数研究中至少使用了两种方法:BlastP搜索和基于HMM模型(http://pfam.xfam.org/)的方法,这两种方法都需要扫描基因组中与基因家族相关的保守蛋白结构域的序列。BlastP方法是将先前已发布的来自模式植物中属于该家族成员的蛋白质序列作为查询序列进行比对,通常范围为$e \leqslant 10^{-5}$;HMM模型方法是从Pfam数据库下载该基因家族的HMM配置文件,进行基因家族成员结构域的比对,并对BlastP结果进行确认,通常范围为$e \leqslant 10^{-10}$。因此,通过相似性比对,在全基因组水平对某一基因家族进行鉴定,并对其家族成员序列特征、系统进化关系进行分析,可对该基因家族特征进行全局、系统的了解,为深入解析基因家族成员的生物学功能奠定基础。

三、实验仪器和材料

1. 实验仪器

台式计算机。

2. 实验材料

(1)紫花苜蓿品种新疆大叶(*Medicago sativa* L.)全蛋白序列 登录https://figshare.com/projects/whole_genome_sequencing_and_assembly_of_Medicago_sativa/66380,下载新疆大叶紫花苜蓿全蛋白序列"Alfalfa_protein.fasta"。

(2)拟南芥(*Arabidopsis thalian* L.)、水稻(*Oryza sativa* L.)及蒺藜苜蓿(*Medicago truncatula* L.)TCP基因家族蛋白序列的获取 在植物全基因组数据库phytozome v12.1(https://

phytozome.jgi.doe.gov/pz/portal.html）中通过搜索 PF03634 编号，下载模式植物拟南芥、水稻和蒺藜苜蓿的 TCP 蛋白序列。以蒺藜苜蓿 TCP 蛋白序列下载为例：①在主界面中查找蒺藜苜蓿拉丁名 *Medicago truncatula*，并将其选中，此时界面右上角显示"1 genomeselected"，表示成功选择了该物种的基因组数据；②在"findgenesbykeywords"输入 TCP 蛋白的保守结构域 ID"PF03634"，点击搜索；③共有 21 条结果被搜集到；④点击"G"图标，下拉至结果中间部分，即可看到该基因相关序列信息，将每个序列的蛋白序列粘贴至 TCP_protein_query.txt 文件中即可，并将".txt"文件的后缀改为".fasta"，最终得到"TCP_protein_query.fasta"文件。

（3）NCBI-blast 软件安装　①登录 https：//ftp.ncbi.nlm.nih.gov/blast/executables/blast+/LATEST/下载最新版本（ncbi-blast-2.12.0+-win64.exe）；②双击"ncbi-blast-2.12.0+-win64.exe"安装软件进行安装，安装路径为"D：\software\NCBI\blast-2.12.0+"；③环境变量的设置：右键点击"我的电脑"，选择"属性"；选择"高级系统设置"；选择"环境变量"；用户变量下点击"新建"；"变量名"设为 BLASTDB，"变量值"设为"D：\software\NCBI\blast-2.12.0+\db"；在系统变量界面，双击"Path"行；新建值为"D：\software\NCBI\blast-2.12.0+\bin"。

（4）MEGA 11.0 软件安装　从 https：//www.megasoftware.net/网站下载最新版本 MEGA 11.0 安装文件"MEGA_11.0.10_win64_setup.exe"，默认路径安装。

四、实验步骤与方法

1. 紫花苜蓿蛋白质库的构建及紫花苜蓿 TCP 基因家族的鉴定

（1）构建蛋白质 blast 比对库　将拟南芥、水稻和蒺藜苜蓿的 TCP 家族蛋白质序列合并在一个 txt 文本里，将文本".txt"后缀更改为".fasta"，将此文件命名为"TCP_protein_query.fasta"，并和紫花苜蓿全蛋白序列文件"Alfalfa_protein.fasta"一起放置于"D：\my_project"路径下。

同时按下"Windows+R"，输入"cmd"，进入 DOS 系统，在命令行分别输入以下命令进入执行命令路径，并检测 NCBI-blast 软件是否安装成功（图 23-1，"#"后面的内容仅仅起到注释作用，操作时不输入）。

```
D:# 回车，进入 D 盘路径
dir # 查看路径下文件
cd my_project # 回车，进入放置数据的路径
blastp -h #回车，调出 blast 的 help 文件，同时验证 blast 是否安装成功
```

图 23-1　DOS 系统下检测 NCBI-blast 软件安装情况

当在执行"blastp -h"命令后，界面出现如下信息时，在"DESCRIPTION"下出现软件名称时，表明 NCBI-blast 软件安装成功（图 23-2）。

（2）构建紫花苜蓿蛋白质数据库　在"D：\my_project"路径下输入以下命令（图 23-3），进行紫花苜蓿蛋白质数据库格式化。

（3）序列比对　利用"TCP_protein_query.fasta"作为 query 文件去 blastp 新疆大叶紫花

```
D:\>blastp -h
USAGE
  blastp [-h] [-help] [-import_search_strategy filename]
    [-export_search_strategy filename] [-task task_name] [-db database_name]
    [-dbsize num_letters] [-gilist filename] [-seqidlist filename]
    [-negative_gilist filename] [-negative_seqidlist filename]
    [-taxids taxids] [-negative_taxids taxids] [-taxidlist filename]
    [-negative_taxidlist filename] [-ipglist filename]
    [-negative_ipglist filename] [-entrez_query entrez_query]
    [-db_soft_mask filtering_algorithm] [-db_hard_mask filtering_algorithm]
    [-subject subject_input_file] [-subject_loc range] [-query input_file]
    [-out output_file] [-evalue evalue] [-word_size int_value]
    [-gapopen open_penalty] [-gapextend extend_penalty]
    [-qcov_hsp_perc float_value] [-max_hsps int_value]
    [-xdrop_ungap float_value] [-xdrop_gap float_value]
    [-xdrop_gap_final float_value] [-searchsp int_value] [-seg SEG_options]
    [-soft_masking soft_masking] [-matrix matrix_name]
    [-threshold float_value] [-culling_limit int_value]
    [-best_hit_overhang float_value] [-best_hit_score_edge float_value]
    [-subject_besthit] [-window_size int_value] [-lcase_masking]
    [-query_loc range] [-parse_deflines] [-outfmt format] [-show_gis]
    [-num_descriptions int_value] [-num_alignments int_value]
    [-line_length line_length] [-html] [-sorthits sort_hits]
    [-sorthsps sort_hsps] [-max_target_seqs num_sequences]
    [-num_threads int_value] [-mt_mode int_value] [-ungapped] [-remote]
    [-comp_based_stats compo] [-use_sw_tback] [-version]

DESCRIPTION
   Protein-Protein BLAST 2.12.0+

Use '-help' to print detailed descriptions of command line arguments
```

图 23-2　NCBI-blast 软件安装成功显示结果

```
makeblastdb -in Alfalfa_protein.fasta -parse_seqids -hash_index -dbtype
prot -out Alfalfa_protein_db
```

图 23-3　紫花苜蓿蛋白质数据库格式化命令行

```
blastp -query TCP_protein_query.fasta -db Alfalfa_protein_db -out
blastp_TCP_result.txt -evalue 1e-5 -max_target_seqs 5 -outfmt 6
```

图 23-4　query 蛋白文件 blastp 紫花苜蓿蛋白质数据库命令行

苜蓿蛋白质数据库“Alfalfa_protein_db”，其中 e 值设为 $1e^{-5}$，获得紫花苜蓿中潜在的 TCP 同源蛋白(图 23-4)。

(4)比对结果提取　用 Excel 软件打开生成的“blastp_TCP_result. txt”文件，每条 TCP 序列获得多个比对结果时，保留 Excel 表格中最后一列 Score 值较高的序列 ID，若 Score 最大值存在多个相同时，对 Excel 表格中的第二列进行删除重复值，获得 63 个紫花苜蓿中潜在的 TCP 蛋白家族成员在新疆大叶紫花苜蓿蛋白序列文件中的基因 ID，保存为“63_Ms_TCP_protein_names. txt”(图 23-5)。从紫花苜蓿的全蛋白序列文件“Alfalfa_protein. fasta”提取出这 63 个 TCP 成员的蛋白序列，粘贴到“63_Ms_TCP_proteins. txt”文件中，并将“. txt”后缀更改为“. fasta”，命名为“63_Ms_TCP_proteins. fasta”。

(5)紫花苜蓿潜在 TCP 蛋白质序列去冗余　登录 Expasy 网站(https://web. expasy. org/decrease_redundancy)，将所获得的所有 TCP 基因序列粘贴进去，采用默认参数(90% max

AT1G58100.1	MS.gene072060.t1	45.694	418	134	15	23	369	87	482	2.78E-83	265
AT1G58100.1	MS.gene002042.t1	45.933	418	132	16	23	369	83	477	3.79E-83	265
AT1G58100.1	MS.gene047202.t1	45.823	419	133	16	23	369	87	483	4.92E-83	265
AT1G58100.1	MS.gene00616.t1	45.476	420	134	16	23	369	86	483	1.10E-82	264
AT1G58100.1	MS.gene91902.t1	88.235	85	10	0	57	141	64	148	4.06E-46	165
AT1G68800.1	MS.gene074319.t1	49.324	148	50	4	112	234	27	174	3.82E-29	116
AT1G68800.1	MS.gene30219.t1	49.324	148	50	4	112	234	27	174	4.03E-29	116
AT1G68800.1	MS.gene43204.t1	49.606	127	60	2	114	237	122	247	2.10E-27	112
AT1G68800.1	MS.gene44793.t1	49.606	127	60	2	114	237	122	247	2.13E-27	112
AT1G68800.1	MS.gene022063.t1	49.606	127	60	2	114	237	123	248	2.29E-27	112
AT1G53230.1	MS.gene032256.t1	47.215	413	140	17	34	391	44	433	7.82E-92	284
AT1G53230.1	MS.gene34255.t1	45.721	409	143	16	39	391	45	430	2.73E-86	270
AT1G53230.1	MS.gene007917.t1	45.588	408	144	16	39	391	47	431	6.66E-86	269
AT1G53230.1	MS.gene36024.t1	45.673	416	136	18	39	391	47	435	7.01E-85	266
AT1G53230.1	MS.gene043478.t1	43.443	366	139	14	33	382	8	321	1.68E-67	218
AT1G67260.1	MS.gene074319.t1	48.366	153	69	3	83	230	23	170	3.18E-31	122
AT1G67260.1	MS.gene30219.t1	48.366	153	69	3	83	230	23	170	3.18E-31	122
AT1G67260.1	MS.gene43204.t1	74.194	62	16	0	89	150	122	183	1.83E-24	104
AT1G67260.1	MS.gene44793.t1	74.194	62	16	0	89	150	122	183	1.96E-24	104
AT1G67260.1	MS.gene022063.t1	74.194	62	16	0	89	150	123	184	2.13E-24	104
AT2G37000.1	MS.gene064482.t1	53.333	150	54	3	43	176	50	199	2.25E-41	140
AT2G37000.1	MS.gene051472.t1	51.333	150	57	2	43	176	50	199	7.34E-41	139
AT2G37000.1	MS.gene055897.t1	51.333	150	57	2	43	176	50	199	1.14E-40	138
AT2G37000.1	MS.gene029808.t1	51.333	150	57	2	43	176	50	199	1.14E-40	138
AT2G37000.1	MS.gene91902.t1	63.529	85	30	1	41	125	65	148	4.78E-29	112
AT3G02150.2	MS.gene91581.t1	78.889	90	19	0	57	146	40	129	1.01E-44	158
AT3G02150.2	MS.gene44654.t1	77.778	90	20	0	57	146	40	129	1.57E-44	158
AT3G02150.2	MS.gene48573.t1	77.778	90	20	0	57	146	40	129	1.58E-44	158
AT3G02150.2	MS.gene021927.t1	77.778	90	20	0	57	146	40	129	1.58E-44	158

图 23-5 BlastP 比对结果

similarity），进行去冗余，最终获得 24 个紫花苜蓿潜在 TCP 蛋白质序列，命名为"24_Ms_TCP_proteins.fasta"。

（6）TCP 结构域的筛选　登录 Pfam 网站（http：//pfam.xfam.org/search#tabview=tab1）并上传 24 个紫花苜蓿 TCP 蛋白序列，采用默认参数（evalue = 1e-1），填写邮箱地址，提交任务，等待结果发送到预留邮箱。

针对邮箱返回的鉴定结果，删除不含有特定保守结构域的蛋白，留下的为最终鉴定得到的 TCP 基因家族成员，命名为"24_Ms_TCP_proteins.fasta"。

2. 进化树的构建

（1）序列比对　打开 MEGA 11.0 软件，点击"ALIGN"按钮，然后选择"Edit/Build Alignment"，在出现的跳窗中选择"Retrieve a sequence from a file"选项，选择用于构建进化树的"24_Ms_TCP_proteins.fasta"序列文件。在序列导入后的界面选择"Edit"下选择"Select All"选择所有待进行比对的序列（图 23-6）。

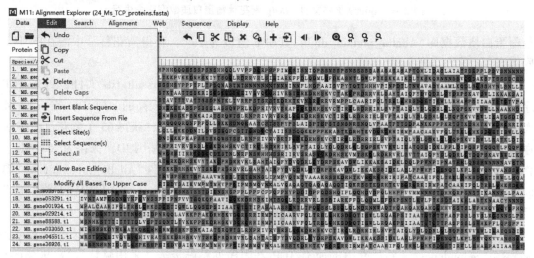

图 23-6　MEGA 软件输入建树序列

选择"Alignment"下的"Align by ClustalW"(图 23-7),在默认参数下选择"OK"进行序列比对,然后将比对结果保存为"24_Ms_TCP_proteins.mas"。

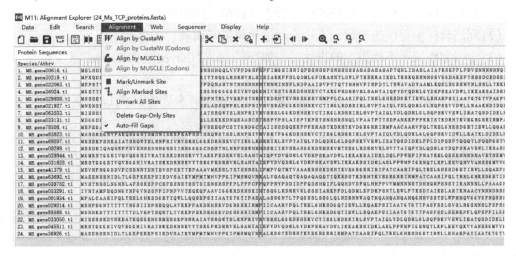

图 23-7　MEGA 软件序列比对

(2) 进化树构建　在软件主界面下选择"PHYLOGENY"下的"Construct/Test Neighbor-Joining Tree",输入上一步获得的"24_Ms_TCP_proteins.mas",选择默认参数,获得进化树作图结果(图 23-8)。

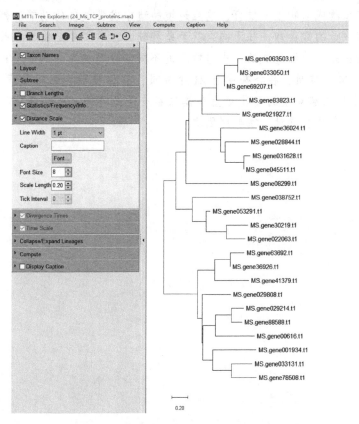

图 23-8　MEGA 软件构建系统进化树结果

五、实验结果与分析

（1）根据获得的进化树，分析不同基因家族成员之间的进化关系。

（2）利用软件中提供的参数，进一步对进化树进行调整、美化。

（3）学习制作展示不同类型的进化树，如"Straight""Curved""Radiation"或"Circle"等。

【参考文献】

刘志敏，刘文献，贾喜涛，等，2015. 蒺藜苜蓿 LEA 基因家族全基因组分析[J]. 草业科学，3(3)：382-391.

TAMURA K, STECHER G, KUMAR S, 2021. MEGA 11：molecular evolutionary genetics analysis version 11[J]. Molecular Biology and Evolution, 38(7)：3022-3027.

CAMACHO C, COULOURIS G, AVAGYAN V, et al, 2008. BLAST+：architecture and applications[J]. BMC Bioinformatics, 10：421.

MA Y, WEI N, WANG Q, et al, 2021. Genome-wide identification and characterization of the heavy metal ATPase (HMA) gene family in *Medicago truncatula* under copper stress[J]. International Journal of Biological Macromolecules, 193：893-902.

【拓展阅读】

基因家族的扩张与收缩

同一基因家族一般会存在于不同物种的基因组中，序列相似的基因家族成员之间具有功能保守性，在植物或动物生长发育、响应逆境胁迫中发挥类似的功能。然而，不同物种间同一基因家族成员的数量却往往不同，甚至差异较大，这主要是物种在长期进化过程中基因家族成员的扩张与收缩造成的，也与物种的不同倍性有关系。例如，TCP 转录因子家族在拟南芥中有 24 个成员，在番茄中有 21 个成员，在柳枝稷和紫花苜蓿中分别有 42 个和 40 个成员。基因家族规模的变化对生命体的影响是多样的，可能是有利、有害或者中性的，这也是形成物种特异性的重要原因之一。

实验 24　草类植物转录组数据分析技术

一、实验目的

学习草类植物转录组数据分析流程和技术方法。

二、实验原理

转录组（transcriptome）广义上是指在某种状态或某一生理条件下，生物细胞内所有转录产物的总和，包括 mRNA、rRNA、tRNA 及非编码 RNA；狭义上是指所有 mRNA 的集合。转录组是连接基因组遗传信息与生物功能的蛋白质组的纽带，转录水平的调控是最重要也是目前研究最广泛的生物体调控方式。转录组的研究可以提供特定条件下基因表达信息，从而推断相应未知基因的功能，揭示特定调节基因的作用机制。转录组数据分析可以分为有参（有参考基因组）转录组分析和无参（无参考基因组）转录组分析，主要围绕基因表达量和功能分析两部分，结合生物学问题进行数据分析。

三、实验仪器和材料

1. 实验仪器

台式计算机。

2. 实验材料

（1）转录组数据　直接从测序公司获得测序得到的草类植物转录组数据或从 NCBI 公共数据库（https：//www.ncbi.nlm.nih.gov/）查找并下载的草类植物转录组 SRA 文件（图 24-1）。然后使用 NCBI 的 SRA toolkits 中的 fastq-dump 命令（fastq-dump --split-3 SRR######）将 sra 格式转为 fastq 格式文件（--split-3 参数代表着如果是单端测序就生成 1 个 SRR#######.fastq 文件，如果是双端测序则生成 SRR#######_1.fastq 和 SRR#######_2.fastq 两个文件）。

（2）数据分析软件

①TBtools（https：//github.com/CJ-Chen/TBtools）。
②SRA Toolkit（https：//www.ncbi.nlm.nih.gov/home/tools）。
③FastQC（https：//www.bioinformatics.babraham.ac.uk/projects/fastqc）。
④Trimmomatic（http：//www.usadellab.org/cms/index.php？page=trimmomatic）。
⑤Kallisto（https：//pachterlab.github.io/kallisto/download）

四、实验步骤与方法

1. 测序质量检测

使用 FastQC 软件打开提供的 fastq 文件查看测序数据质量（图 24-1），也可使用 TBtools

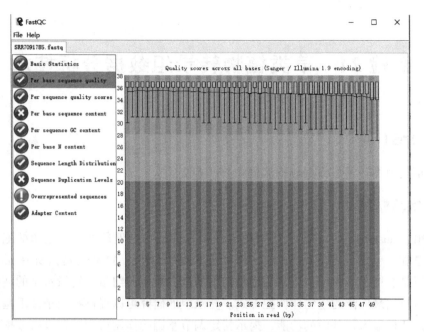

图 24-1 FastQC 软件查看测序数据质量

中的 FastQC 插件完成。

2. 数据过滤

使用 Trimmomatic(version 0.39)软件进行数据质量过滤。在 trimmomatic-0.39.jar 所在文件夹按住 shift 后单击鼠标右键，打开 PowerShell，输入"java-jar.\trimmomatic-0.39.jar"，然后输入"java-jar trimmomatic-0.39.jar PE inputSRR#######1.fastq inputSRR#######2.fastq outputSRR#######1paired.fq.gz outputSRR#######1unpaired.fq.gz outputSRR#######2paired.fq.gz outputSRR#######2unpaired.fq.gz ILLUMINACLIP:TruSeq3-PE.fa:2:30:10:8:True LEADING:3 TRAILING:3 MINLEN:36"(Paired End)或"java-jar trimmomatic-0.39.jar SE-phred33 inputSRR#######.fastq outputSRR#######.fastq.gz ILLUMINACLIP:TruSeq3-PE.fa:2:30:10:8:True LEADING:3 TRAILING:3 MINLEN:36"(Single End)。也可使用 TBtools 中的 Trimmomatic 插件完成。过滤后再用 FastQC 软件查看数据质量，直至获得高质量的 Clean Data。

Trimmomatic 软件中参数说明：PE 设置数据为双端数据，单端数据用"SE"；-thread 16 设置线程数为 16；-phred33/64 设置碱基的质量格式(v0.32 版本之后可自动识别 phred33 和 phred64)；-trimlog trim.log 设置处理的日志文件为"trim.log"，每两行为一对 reads 信息；input 输入的 fastq 文件所在文件夹位置；output 处理后输出的 fastq 文件所在文件夹位置；ILLUMINACLIP:TruSeq3-PE.fa:2:30:10:8:true 切除 illumina 接头参数设置；SLIDINGWINDOW:5:20 设置滑动窗口阈值，以 5 bp 为窗口，这 5 bp 碱基的平均质量值低于 20，要进行切除；LEADING:3 设置从 reads 起始开始，去除质量低于阈值或为'N'的碱基，直到达到阈值不再去除，这里设置阈值为 3；TRAILING:3 设置从 reads 末尾开始，去除质量低于阈值的碱基或为'N'的碱基直到达到阈值不再去除；MINLEN:36 设置 reads 切除后的最短长度，这里设置长度至少为 36 bp，长度小于 36 bp 的 reads 被去除。

3. 转录本定量

使用 Kallisto 软件进行转录本的直接定量。首先用 TBtools 建立所选用的草类植物的转录本信息。如图 24-2 所示，打开 TBtools 中的 GXF Sequence Extract 插件，输入草类植物基因组 gff 文件位置，初始化"initialize"后设置 Feature Tag 为"exon"和 Feature ID 为"Parent"，然后输入草类植物基因组文件位置和输出文件位置及名称，构建实验材料的转录本信息。在 Kallisto 文件目录下打开 powershell，输入".\kallisto index −i 输出的 idx 文件位置 转录本信息所在位置"，运行程序。建立索引文件后再在 powershell 中接着输入".\kallisto quant −i idx 文件位置 −o 输出文件夹 −t 4 −b 100 双端测序文件 1 所在位置 双端文件测序文件 2 所在位置"。如果测序文件为单端测序结果，则输入".\kallisto quant −i index −o output −−single −l length −s SD file. fq. gz"（以上步骤也可使用 TBtools 中的 Kallisto 插件或 Hisat2 和 StringTie 插件完成）。最终获得包含转录本信息的 abundance. tsv 文件。

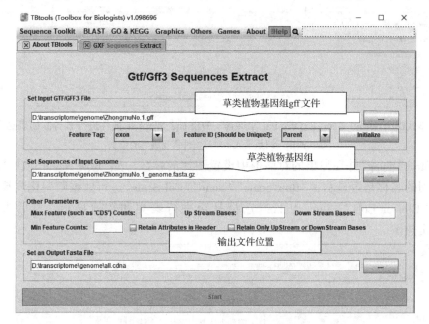

图 24-2 用 TBtools 建立转录本信息

4. 差异表达分析

差异基因表达分析采用 TBtools 的 Differential Gene Expression Analysis−DESeq2 Wapper 插件进行（图 24-3）。参照 Demo Data 格式整理差异基因表达分析数据的格式，然后在 TBtools 中指定位置输入含有转录本表达量的文件（位置 1）。样品分组信息（位置 2）、组间比对信息（位置 3）及差异表达结果输出文件夹（位置 4），运行后获得后缀分别为"MAplot. pdf""results. all. xls"和"results. padj01. logFC2. xls"的三个文件，其中后缀为"MA-plot. pdf"的文件为基因表达火山图，后缀为"results. all. xls"的文件为所有基因比对的结果，后缀为"results. padj01. logFC2. xls"文件为筛选出的差异表达基因。

差异表达基因的热图制作采用 TBtools 的 HeatMap 插件，在 TBtools 软件中依次点击"Graphics""HeatMap Illustrator"和"HeatMap"（图 24-4），然后参照示例输入需比较的差异表达基因的表达量或将含有差异表达基因表达量的文件拖入图中位置，然后点击"Start"。在生成的热图下方点击"Lucky Color!"调整热图的颜色（图 24-5），再点击图片上方的

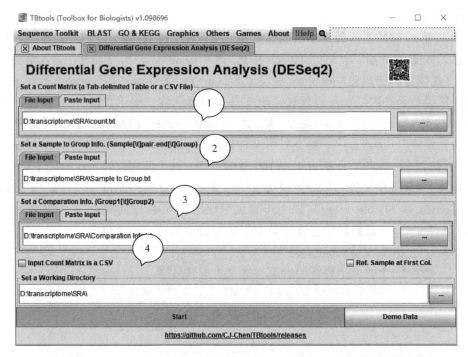

图 24-3 Differential Gene Expression Analysis-DESeq2 Wapper 插件进行差异基因表达分析

注：图中不同数字表示对应文件需要输入的位置

"Show Control Dialog"并在弹出的对话框中设置图片的参数。如"Row Name"或"Col Name"设置行或列的名称是否显示；"Row Scale""None""Col Scale"进行数据归一化调整；"Cluster Rows""Cluster Cols""Show Value"选择是否进行聚类和数值显示。最后点击"Save Graph"输出热图。

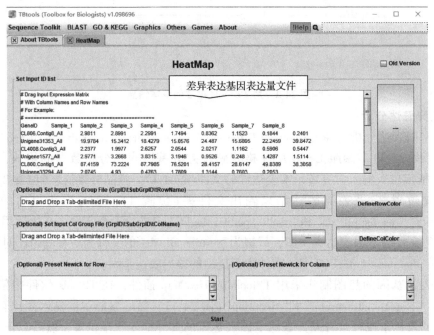

图 24-4 HeatMap 插件进行差异表达基因热图制作

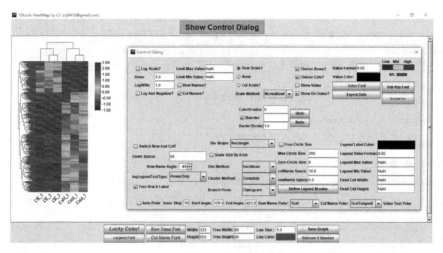

图 24-5 参数设置

5. GO 富集分析

使用 TBtools 中的 GO Enrichment 插件完成差异表达基因的富集分析(图 24-6)。首先点击"download go-basis.obo File if You Need It"下载需要的 go-baisc.obo 文件或将已下载的 go-baisc.obo 文件拖入位置 1，然后输入基因组 GO 注释文件(位置 2)，再在位置 3 输入筛选的差异表达基因的 ID 或添加含有差异基因 ID 的文件(制表符分隔的 txt 文件)，最后设定结果输出文件(位置 4)，运行插件。运行结束后，打开 Enrichment Bar Plot 插件，将结果中后缀为 GO.Enrichment.final.xls 的文件拖入 Enrichment Bar Plot(图 24-7)，点击 GO En-

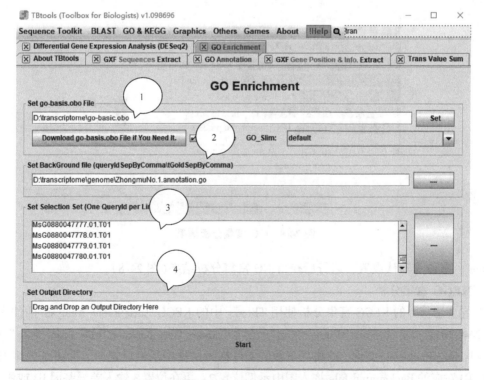

图 24-6 GO Enrichment 插件进行 GO 富集分析

注：图中不同数字表示对应文件需要输入的位置

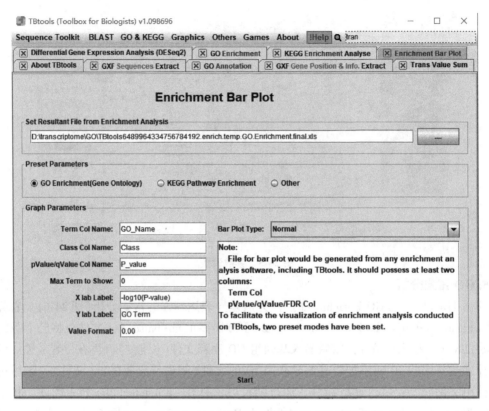

图 24-7　Enrichment Bar Plot 插件进行 GO 富集分析

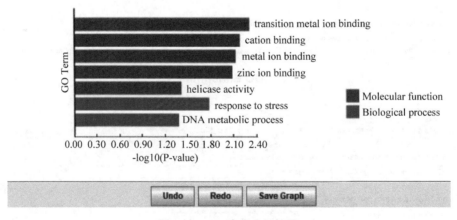

图 24-8　GO 富集分析结果

richment，参数为默认设置，运行后获得 GO 富集分析结果（图 24-8）。

6. KEGG 富集分析

差异表达基因的 KEGG 富集分析使用 TBtools 中的 KEGG Enrichment Analysis 插件完成。如图 24-9 所示，首先选择"Plant"选项，点击"Make One Backend File From Web"下载"TBtools.KeggBackEnd"文件，或将已下载的文件拖入插件中示例位置；然后将基因组 ID 与 KEGG ID 对应的 Background File 拖入图中示例位置 2；再在位置 3 输入差异基因 ID 或添加含有差异基因 ID 的文件（制表符分隔的 txt 文件）；最后输入结果文件输出文件夹（位置 4）。运行结束后将获得的"result. xls. final. xls"拖入到 Enrichment Bar Plot 插件中(图 24-10),点击"KEGG Pathway Enrichment",参数默认,运行后即可获得 KEGG 富集分析结果(图 24-11)。

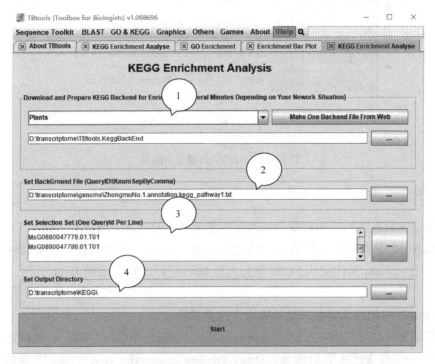

图 24-9　KEGG Enrichment Analysis 插件进行 KEGG 富集分析

注:图中不同数字表示对应文件需要输入的位置

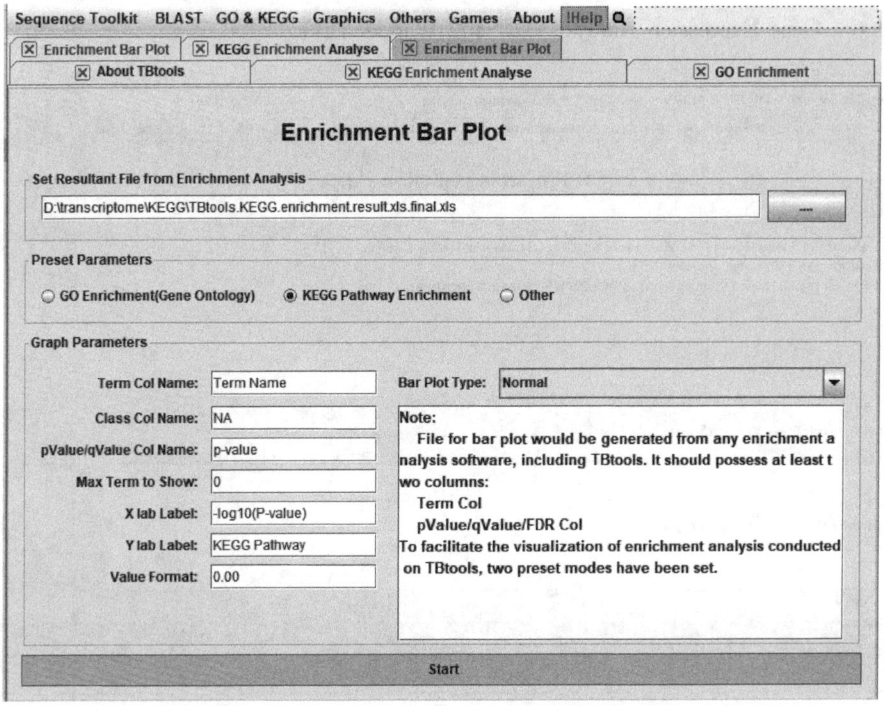

图 24-10　Enrichment Bar Plot 插件进行 KEGG 富集分析

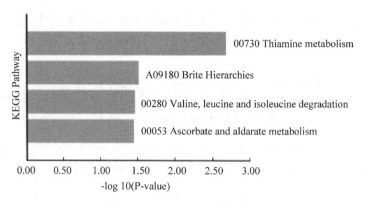

图 24-11　KEGG 富集分析结果

五、注意事项

（1）转录组数据材料采用有参考基因组的草类植物的转录组数据。

（2）从 NCBI 下载 SRA 文件和将 SRA 文件转化为 fastq 文件耗时较长，实验时建议使用测序公司提供的 fastq 文件或从 NCBI 等公共数据下载并转化完成的 fastq 文件，以节约实验时间。

（3）TBtools 中的转录组相关分析插件为收费插件。

（4）使用 TBtools 的 Differential Gene Expression Analysis-DESeq2 Wapper 插件之前需要先安装 Rserver.plugin 插件（下载地址：https://tbtools.cowtransfer.com/s/68df33e849a84c），然后打开 R Plugin Installation Helper 插件（图 24-12），安装下载的 DESeq2 Win64 Meta Package（下载地址：https://tbtools.cowtransfer.com/s/436dba652f434b），提示安装成功后就可正常运行 Differential Gene Expression Analysis-DESeq2 Wapper 插件。

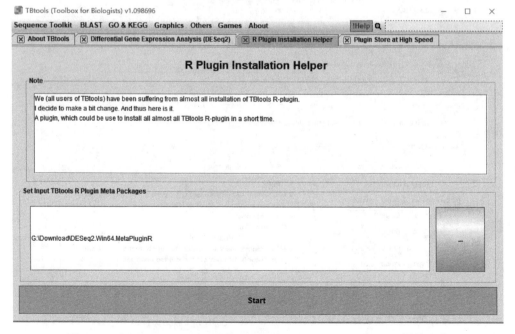

图 24-12　Differential Gene Expression Analysis-DESeq2 Wapper 插件安装

(5) 差异表达基因的后续分析也可使用测序公司提供的云平台进行，按照网站提示输入分析文件即可。

【参考文献】

CHEN C, CHEN H, ZHANG Y, et al, 2015. TBtools: an integrative toolkit developed for interactive analyses of big biological data[J]. Molecular Plant, 13: 1194-1202.

BOLGER A M, LOHSE M, USADEL B, 2014. Trimmomatic: a flexible trimmer for Illumina sequence data[J]. Bioinformatics, 30: 2114-2120.

PERTEA M, KIM D, Pertea G, et al, 2016. Transcript-level expression analysis of RNA-seq experiments with HISAT, StringTie and Ballgown[J]. Nature Protocol, 11: 1650-1667.

【拓展阅读】

全长转录组测序技术

第三代测序技术即全长转录组测序技术的研发，进一步补充和完善了第二代测序技术。目前全长转录组测序技术主要以 Pacific Biosciences (PacBio) 公司的单分子实时测序技术 SMRT 和 Oxford Nanopore Technologies (ONT) 公司的单分子纳米孔测序技术 (nanopore sequencing) 为代表。PacBio 的 SMRT 技术采用的是边测序边合成的方法，即聚合酶将荧光标记的核苷酸与单分子 DNA 结合，并实时记录荧光信号。而 ONT 的 nanopore sequencing 技术是利用单分子 DNA (RNA) 通过纳米孔时会引起电流的变化，从而来识别不同的核苷酸。

全长转录组测序技术的主要优点是：读长超长，可达到数十 kb 到 1 Mb；无需模板扩增，避免因 PCR 扩增而引起的错误；简化建库和测序步骤，缩短运行时间；较好完成 GC 含量高的区域、重复区域、SVs 和单倍型相位；直接对 RNA 和表观遗传修饰位点进行直接测序。但全长转录组测序技术的错误率更高，并且针对降解的 RNA 分析能力有限。目前有研究将三代测序技术与二代测序技术相结合起来，大大提高转录组测序的准确性，用于更全面的分析。

实验 24 讲解